CFD 助力钢铁行业超低排放的理论及实践

钱付平　鲁进利　韩云龙　著

北　京
冶金工业出版社
2021

内 容 提 要

本书对计算流体动力学（CFD）理论及其在钢铁行业超低排放中的应用进行了详细阐述。全书共6章，主要内容包括：绪论、CFD基本理论、钢铁工业烟气处理工艺及设备、CFD模型的建立、基于响应面法的优化设计方法、CFD助力钢铁行业超低排放的工程实践等。

本书可供从事工业烟气污染物控制工作的工程技术人员和管理人员阅读，也可供高等院校相关专业的师生参考。

图书在版编目（CIP）数据

CFD助力钢铁行业超低排放的理论及实践/钱付平，鲁进利，韩云龙著. —北京:冶金工业出版社，2021. 11

ISBN 978-7-5024-8930-4

Ⅰ. ①C… Ⅱ. ①钱… ②鲁… ③韩… Ⅲ. ①计算流体力学—研究 ②钢铁工业—烟气排放—污染控制—研究 Ⅳ. ①O35 ②X757

中国版本图书馆 CIP 数据核字（2021）第 193279 号

CFD 助力钢铁行业超低排放的理论及实践

出版发行	冶金工业出版社	电　　话	(010)64027926
地　　址	北京市东城区嵩祝院北巷 39 号	邮　　编	100009
网　　址	www.mip1953.com	电子信箱	service@ mip1953.com

责任编辑　杨　敏　美术编辑　彭子赫　版式设计　郑小利
责任校对　范天娇　责任印制　李玉山
三河市双峰印刷装订有限公司印刷
2021 年 11 月第 1 版，2021 年 11 月第 1 次印刷
710mm×1000mm　1/16；13 印张；255 千字；200 页
定价 78.00 元

投稿电话　(010)64027932　投稿信箱　tougao@cnmip.com.cn
营销中心电话　(010)64044283
冶金工业出版社天猫旗舰店　yjgycbs.tmall.com
(本书如有印装质量问题，本社营销中心负责退换)

前　　言

2021 年 5 月 28 日，习近平总书记在中国科学院第十二次院士大会、中国工程院第十五次院士大会、中国科协第十次全国代表大会上的重要讲话中，提到"钢铁多污染物超低排放控制等多项关键技术推广应用，促进了空气质量改善"。

据中国钢铁工业协会环保负责人介绍，自我国生态环境部等 5 部委 2019 年 4 月 22 日发布《关于推进实施钢铁行业超低排放的意见》以来，我国钢铁行业实施了世界上最严环保标准的超低排放改造，超低排放治理技术达到世界领先水平，为我国打赢蓝天保卫战做出了巨大贡献。截至 2021 年 5 月底，我国已有 16 家钢企通过了全流程超低排放评估验收。目前，我国约有 229 家钢企共 6.2 亿吨粗钢产能已完成或正在实施超低排放改造，近百家企业在加紧开展监测评估工作。

无论是已经完成超低排放改造的，还是正在进行超低排放改造的钢铁企业，都需要有切实可行的方法对其进行科学指导，而计算流体动力学（CFD）方法已经被证明是实现这一目标的可靠路径之一。由于相关理论分析或实验的方法对于复杂性的问题，有时无法得出解析解或因费用昂贵而无力进行实验，因此受到了一定的应用限制。与此不同的是，CFD 方法具有成本低和能模拟较复杂的工艺过程等优点，同时，得益于计算机硬件的飞速发展，CFD 方法在最近 20 年中得到广泛的应用与发展。目前众多的 CFD 商业软件可以拓宽实验研究的范围，减少成本昂贵的实验工作量，且在给定的参数下用计算机对现象进行一次数值模拟就相当于进行一次数值实验，所以该方法目前在工艺结构优化等方面发挥越来越重要的作用，特别是在当前减污降碳的要求下，由于 CFD 方法可以从系统角度建模，优化整个工艺流程，因此，借助该方法，在助力超低排放的同时，还可以降低系统能耗，有利于实现碳减排。

本书重点介绍了 CFD 的基本理论及建模方法、目前应用在钢铁工业烟气处理方面的主要工艺及设备结构特点和工作原理、CFD 工况设计及 CFD 方法应用在钢铁工业烟气处理设备结构优化方面的应用实践，较为系统全面地介绍了 CFD 方法在助力钢铁行业超低排放方面的基本理论和实践。

本书由安徽工业大学钱付平教授、鲁进利副教授、韩云龙副教授承担主要撰写工作，并共同负责全书修改、统稿工作。其中，钱付平负责撰写第 1 章、第 6 章，鲁进利负责撰写第 4 章和第 5 章，韩云龙负责撰写第 2 章和第 3 章，安徽工业大学的博士研究生陈路敏，硕士研究生高艺华、孙婉莹、何杰、阴婷婷等参与了书稿的校对工作。

安徽威达环保科技股份有限公司、安徽欣创环保科技股份有限公司等为本书的撰写提供了相关数据和资料，同时在撰写过程中，参考了有关文献，在此一并表示衷心感谢。

由于作者水平有限，书中不足之处，恳请广大读者批评指正。

作　者

2021 年 6 月

目　　录

1 绪 论

1.1 背景及意义

1.1.1 "超低排放"概念的提出

"超低排放"的理念，由浙能集团于 2011 年首次提出，并于 2012 年开始着手广泛调研国内外燃煤机组污染物治理的先进技术，2013 年在全国率先启动了"燃煤机组烟气超低排放"项目建设，同年 7 月 19 日，浙能集团"燃煤机组烟气超低排放"项目可行性研究报告得到浙江省环保厅、省经信委、嘉兴市环保局等单位组织的审查通过。对于燃煤电厂大气污染物超低排放的定义，最初存在多种表述，如"近零排放""趋零排放""超低排放""超洁净排放""低于燃机排放标准排放"等，有业内人士认为，燃煤机组排放水平达到"超清洁""近零"状态的难度非现有工程技术所能实现（大规模推广难度大），"超低排放"从排放标准角度界定概念，叫法更加科学。2015 年中国电力发展论坛上，国电科学技术研究院燃机研究所所长刘志坦，在经过大量对比和数据分析后得出结论："要实事求是、科学命名，'近零排放''超净排放'和'燃机排放'等概念不严谨、不科学，建议使用'超低排放'概念。"2015 年 3 月，第十二届全国人民代表大会第三次会议《政府工作报告》明确要求"推动燃煤电厂超低排放改造"；2015 年 12 月，国务院常务会议决定，在 2020 年之前对燃煤电厂全面实施超低排放和节能改造[1]。

既然认为"超低排放"的表述是严谨的，那么就应说清何为超低排放。2014 年 9 月 12 日，国家发改委、环保部、能源局联合以发改能源〔2014〕2093 号文发布了排放限值要求，即烟尘 10mg/m³、$SO_2$35mg/m³、NO_x50mg/m³，与包括美国在内的所有国家的煤电机组排放标准限值相比，3 项指标均是超低的，因此可以认为该排放限值要求属于"超低排放"[2]。

1.1.2 钢铁行业的"超低排放"

实施钢铁行业超低排放改造既是打赢蓝天保卫战的重要措施，也是钢铁行业高质量发展、绿色发展的主要推力。钢铁企业生产流程长、工艺类型复杂、产排污环节多，动辄上百个排放口、几千个无组织控制点、每天上千辆次的车辆运输，加之各企业间环境治理水平和人员能力差异较大，还有部分关键环节污染防治技术可靠性尚待验证等问题，制约了实现全流程、全方位、全覆盖、全周期的超低排放。

2020 年年初，国家统计局发布的数据显示，2019 年我国粗钢产量达到 9.9634 亿吨，逼近 10 亿吨大关。其中，河北、河南、山西、山东和天津五省市的粗钢产量总和约为 4.2046 亿吨，约占我国粗钢总产量的 42%。京津冀及周边地区，一方面是我国钢铁产能最密集的区域，另一方面也是我国大气污染最严重的地区，多个城市环境空气质量长期排名倒数，钢铁产能布局与区域环境承载力之间的矛盾突出。

钢铁行业是大气污染的重点行业，随着燃煤电厂污染控制成效的显现，钢铁行业成为我国工业领域目前最大的污染物排放来源，是未来一段时间内大气质量改善的关键和难点之一。

中国工程院院士贺克斌认为，钢铁行业实施超低排放，将稳步改变我国钢铁行业发展水平参差不齐的现状，降低钢铁行业大气污染物排放量，显著改善环境空气质量。

事实上，实施超低排放改造，既是为补齐钢铁行业的环保短板，也是倒逼钢铁产能向环境承载能力更强的区域布局，倒逼资源结构、能源结构、产业结构、运输结构向更清洁、更高效的方向调整，推动钢铁行业实现高质量发展。

2018 年 2 月，全国环境保护工作会议提出"制订实施打赢蓝天保卫战三年行动计划，积极推动钢铁等行业超低排放改造"，首次提出要在钢铁行业开展超低排放改造。重点地区部分钢铁企业积极响应，钢铁行业正式拉开超低排放改造序幕，不断优化产业发展结构，减少区域污染物排放总量。

1.1.2.1　钢铁行业超低排放具体要求

2019 年 4 月，生态环境部等 5 部委联合发布《关于推进实施钢铁行业超低排放的意见》（环大气〔2019〕35 号，以下简称《意见》），《意见》明确了推进实施钢铁行业超低排放工作的总体思路、基本原则、主要目标、指标要求、重点任务、政策措施和实施保障。从有组织排放、无组织排放、清洁运输、监测监控等方面提出具体改造要求，实现到 2020 年底前，重点区域钢铁企业超低排放改造取得明显进展，力争全国 60% 左右产能完成改造；到 2025 年底前，重点区域钢铁企业超低排放改造基本完成，力争全国 80% 以上产能完成改造。具体体现在以下几点：

（1）有组织排放限值进一步收严。《意见》中规定烟气颗粒物、SO_2、NO_x 排放浓度小时均值，烧结机头/球团焙烧分别不高于 10mg/m³、35mg/m³、50mg/m³，其中烧结机头烟气含氧量 16%、球团焙烧烟气含氧量 18%。其他主要污染源原则上分别不高于 $10mg/m^3$、$50mg/m^3$、$200mg/m^3$。对比钢铁行业系列国家排放标准中烟气颗粒物、SO_2、NO_x 排放限值，烧结机头/球团焙烧分别收严 50%、80%、83%；其他主要污染源分别收严 33%、50%~67%、33%。

（2）源头削减、过程控制、末端治理并举。钢铁行业流程长、工艺复杂，原燃料有毒有害成分和生产工艺过程对最后的排放影响较大，《意见》充分考虑了通过工艺改造、煤气精脱硫、低氮燃烧、烧结烟气循环利用、无组织排放控制等源头治理和过程控制，减少污染物的排放。如对高炉热风炉、轧钢热处理炉要求采用燃烧净化后的高炉煤气（焦炉煤气），并实施精脱硫，同时开展低氮燃烧改造（更换烧嘴）；此外还鼓励使用低硫煤，减少焦炭含硫量，实现 SO_2 减排。

（3）将无组织排放和清洁运输纳入超低排放。充分考虑钢铁行业污染物产生和排放特征，《意见》将无组织排放分为物料储存、物料输送、生产工艺过程三类进行控制。对于储存、物料输送环节，优先采用密闭、封闭等有效控制措施；对于生产过程的产尘点，全面提高废气收集能力，做到应收尽收，确保产尘点和车间不得有可见烟尘外逸；同时《意见》对密闭储存、密闭输送、封闭储存、封闭输送、封闭车间等措施予以明确界定，便于企业和监管部门操作。对清洁运输的要求是环保政策中首次对具体行业提出运输方面要求，并且考虑到解决交通运输污染排放问题，尤其是交通运输结构调整需要以生产企业为抓手推动实施。

1.1.2.2 钢铁行业超低排放实施情况

自 2018 年以来，钢铁行业重点开展了烧结烟气脱硝、各工序除尘器升级、原料场和皮带通廊全封闭、运输车辆淘汰升级等超低排放改造工作。钢铁行业正在全面推进超低排放改造，尤其是有组织排放治理进展较快；但钢铁企业产排污环节多，还有部分关键环节污染防治技术的可靠性尚待验证，企业整改任务重、资金投入大，超低排放改造的激励政策需进一步加强，实现全流程、全过程超低排放还将是一项艰巨且长期的工作。

（1）部分企业主动应对、先行先试。《意见》对主要排放源污染物排放限值大幅收严，重点地区（河北、江苏）部分钢铁企业已提前开展有组织污染源超低排放改造，尤其是烧结机头烟气脱硫脱硝、除尘设施升级改造。钢铁行业大气污染物排放量大幅下降，2018 年重点统计企业 SO_2、NO_x、颗粒物排放总量比 2017 年分别减少 7%、6% 和 28%。

（2）各地因地制宜制定实施细化方案。《意见》要求各省区市制定具体超低改造实施方案报生态环境部，目前共有 28 个省、市级生态环境部门发布了实施方案，其中山西省、福建省、湖北省、上海市超低实施方案的科学性和可操作性较好。从方案实施进度来看，超过六成企业于 2020 年底前完成了超低排放改造。

目前河北省、江苏省、山东省、山西省、河南省、天津市在 2020 年完成了超低排放改造，全国范围内 77% 企业的有组织、79% 企业的无组织和 64% 企业的清洁运输在 2020 年完成了超低排放改造，推进力度远大于《意见》中要求的程度。

实施方案的制定旨在加强对工业企业重点行业无组织排放的深度治理，建设"无组织排放管控平台"，提高企业无组织排放精细化管理水平，助力打赢蓝天保卫战。

（3）出台标准和文件保障超低排放实施。钢铁行业超低排放改造作为鼓励性政策，对于钢铁产业密集的重点地区环境质量改善是有效措施，有必要强制实施。河北和山东两省率先出台了钢铁超低排放地方标准，对现有企业给出明确过渡期，加严了高炉热风炉和轧钢热处理炉的氮氧化物排放限值；河南省和山西省发布了钢铁超低排放地方标准征求意见稿；江苏正在制定钢铁超低排放地方标准。为了指导、规范钢铁企业超低排放改造，生态环境部配套出台了《钢铁企业超低排放评估监测技术指南》《钢铁企业超低排放改造技术指南》等技术指导文件。

1.1.2.3 实施超低排放改造的意义

一方面，超低排放对钢铁企业提出了更高的治理要求。根据行业排放特征，《意见》对有组织排放、无组织排放和大宗物料产品运输，分门别类提出指标限值和管控措施，实现全流程、全过程环境管理；还对超低排放改造的技术路径进行了明确，不仅提出了脱硫脱硝除尘等末端治理技术，还提出了烧结机头烟气循环、煤气精脱硫等源头控制措施，避免企业再走弯路。另一方面，超低排放可推动我国钢铁行业大气污染治理技术的全新变革。

近年来，在钢铁企业、科研院所、环保公司的共同努力下，攻克了一个又一个钢铁行业烟气治理的难题，超低排放技术及工程应用取得了重大突破。

1.2 CFD 助力超低排放的可行性

1.2.1 CFD 简介

计算流体动力学（computational fluid dynamics，CFD），是流体力学和计算机科学相互融合的一门新兴交叉学科，它从计算方法出发，利用计算机快速的计算能力得到流体控制方程的近似解。CFD 方法兴起于 20 世纪 60 年代，随着 90 年代后计算机的迅猛发展，CFD 得到了飞速发展，逐渐与实验流体力学一起成为产品开发中的重要手段。

　　CFD 软件通常指商业化的 CFD 程序，具有良好的人机交互界面，能够使用户无需精通 CFD 相关理论就能够解决实际问题。

　　计算流体动力学和相关的计算传热学、计算燃烧学的原理是用数值方法求解非线性联立的质量、能量、组分、动量和自定义的标量的微分方程组，求解结果能预报流动、传热、传质、燃烧等过程的细节，因此成为过程装置优化和放大定量设计的有力工具。计算流体动力学的基本特征是数值模拟和计算机实验，它从基本物理定理出发，在很大程度上可替代耗资巨大的流体动力学实验设备，在科学研究和工程技术中产生巨大的影响，是目前国际上一个强有力的研究领域，是进行传热、传质、动量传递及燃烧、多相流和化学反应研究的核心和重要技术。CFD 广泛应用于航天设计、汽车设计、生物医学工业、化工处理工业、涡轮机设计、半导体设计、暖通空调等诸多工程领域，脱硫、除尘、脱硝装置优化设计是CFD 方法应用的重要领域之一。

　　CFD 方法在最近 20 年中得到飞速的发展，除了计算机硬件工业的发展给它提供了坚实的物质基础外，还主要因为无论分析的方法或实验的方法都有较大的限制（例如由于问题的复杂性，既无法得到解析解，也因费用昂贵而无力进行实验确定），而 CFD 方法正好具有成本低和能模拟较复杂或较理想的过程等优点。经过一定考核的 CFD 方法可以拓宽实验研究的范围，减少成本昂贵的实验工作量。在给定的参数下用计算机对现象进行一次数值模拟相当于进行一次数值实验，历史上也曾有过首先由 CFD 数值模拟发现新现象而后由实验予以证实的例子。CFD 软件一般都能推出多种优化的物理模型，如定常和非定常流动、层流、紊流、不可压缩和可压缩流动、传热、化学反应，等等。对每一种物理问题的流动特点都有适合它的数值解法，用户可对显式或隐式差分格式进行选择，以在计算速度、稳定性和精度等方面达到最佳。CFD 软件之间可以方便地进行数值交换，并采用统一的前后处理工具，省却科研工作者在计算机方法、编程、前后处理等方面投入的重复、低效的劳动，以将主要精力和智慧用于物理问题本身的探索上。

1.2.2　CFD 助力超低排放的技术路径

1.2.2.1　钢铁工业烟气处理设备性能与气流分布的关系

　　烟气处理设备性能及使用寿命和其内部的气流分布关系密切，气流分布会影响除尘器效率、压降、布袋的使用寿命，气流分布也会影响脱硫及脱硝装置的压降和效率。脱硝催化剂内风速如果过大，会导致严重的磨损（图 1.1）。气流分布一般包括速度分布、温度分布及浓度分布。以选择性催化还原（selective catalytic reduction，SCR）脱硝反应器（图 1.2）为例，在 SCR 脱硝系统结构的合理优化设计研究中，必须保证反应系统内烟气流场和还原剂 NH_3 浓度场的分布均匀，所以烟气处理设备的优化设计过程中，流场中烟气速度、烟气温度及还原剂 NH_3 的浓度分布均匀性是 3 个重要的评价指标。

图 1.1 催化剂磨损

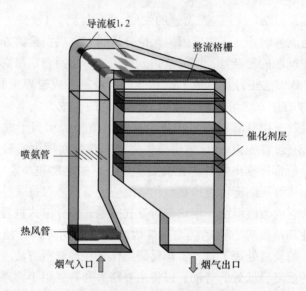

图 1.2 SCR（选择性催化还原）脱硝反应器

A 气流均匀性评价标准

由于美国的 RMS 标准可以更加方便快捷地评估气流速度场质量的优劣程度，所以近年来气流的均匀性评价广泛使用 RMS 标准。其中气流的均匀性评价可用速度分布偏差系数 C_v 来进行定量的衡量，其表达式如下：

$$C_v = \sqrt{\frac{1}{n}\sum_{i=1}^{n}\left(\frac{v_i - \bar{v}}{\bar{v}}\right)^2} \times 100\% \tag{1.1}$$

式中，v_i 为测点气流速度，m/s；n 为断面的测点数；$\bar{v}$ 为测点断面的平均气流速度，m/s。

根据相关设计要求规定，当反应系统内速度偏差系数值 C_v<25%时，烟气速度的分布是基本合格的；C_v<20%时，烟气速度的分布是处于良好阶段的；C_v<15%时，烟气速度的分布是最优的。通常情况下，在 SCR 脱硝反应系统内首层催化剂上方 500mm 处截面的速度分布偏差系数 C_v<15%[3]。

B 还原剂 NH_3 浓度均匀性评价标准

还原剂 NH_3 浓度的均匀性评价可用浓度分布偏差系数 C_ρ 来进行定量的衡量，其表达式如下：

$$C_\rho = \sqrt{\frac{1}{n}\sum_{i=1}^{n}\left(\frac{c_i - \bar{c}}{\bar{c}}\right)^2} \times 100\% \qquad (1.2)$$

式中，c_i 为测点氨浓度，kg/m^3；n 为断面的测点数；$\bar{c}$ 为测点断面的平均氨浓度，kg/m^3。

通常情况下，在 SCR 脱硝反应系统内首层催化剂上方 500mm 处截面的氨浓度分布偏差系数 C_ρ<5%[4]。

C 温度均匀性评价标准

混合烟气温度的均匀性评价可用温度分布偏差系数 C_T 来进行定量的衡量，其表达式如下：

$$C_T = \sqrt{\frac{1}{n}\sum_{i=1}^{n}\left(\frac{T_i - \bar{T}}{\bar{T}}\right)^2} \times 100\% \qquad (1.3)$$

式中，C_T 为测定断面温度分布偏差系数；n 为测定断面的测点数；T_i 为测点的温度，℃；$\bar{T}$ 为测定断面温度的平均值，℃。

通常情况下，在 SCR 脱硝反应系统内首层催化剂上方 500mm 处截面的温度分布偏差系数 C_T<10%[5]。

1.2.2.2 如何实现气流分布的均匀性

气流的分布一直被看作是影响烟气净化设备性能的重要因素之一，一般可以通过增设导流板（图 1.3）、调整气流分布板的开孔率（图 1.4）和改变反应器结构（图 1.5）等方式来改变反应器内流体流动的均匀性，最终得出最佳的模型设计。在布袋除尘器设计中，设置导流板改善除尘器内的气流分布是一种普遍的方法，即在烟道入口处设置一组导流板，使烟气均匀分布到各个除尘室入口。在除尘室入口与布袋束之间设置挡板，可避免烟气直接冲击布袋，造成入口处布袋负荷过大，而其余部位布袋负荷过小的现象，使速度场分布尽可能均匀。设计中，挡板上部一般高出除尘室入口一段距离，挡板下部比布袋底部长一段距离，但是不进入灰斗部分（图 1.6）。在烟气脱硝反应器的设计中，有时也需要在一定位置处设置导流板，使得烟气在进入催化剂层之前保持气流均匀，设计好的导流板不仅能确保较高的脱硝效率，还能有效降低系统阻力[6]。

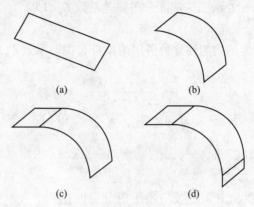

图 1.3 导流板示意图

（a）直形导流板；（b）弧形导流板；（c）直弧形导流板；（d）直弧直形导流板

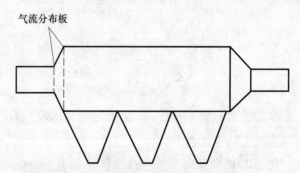

图 1.4 布袋除尘器进口气流分布板示意图

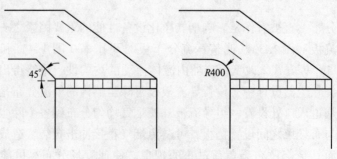

图 1.5 改变反应器结构示意图

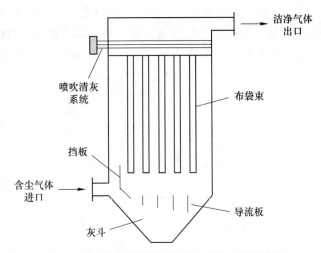

图 1.6　加挡板及导流装置的布袋除尘器示意图

1.2.2.3　CFD 实现气流分布均匀性的路径

　　气流均匀性对于钢铁工业烟气处理设备的性能提升意义重大，那么如何实现气流分布的均匀性呢？很显然，通过实验来观察气流分布情况是最直观的方法，然而，该方法费时费力，会耗费大量的人力物力，不太现实。当然，也可以采用模型实验的方法，选择合适的比例加工制作处理设备的缩放模型，建立烟气处理的热态实验平台；但是，由于和实际情况不一致，对工程实际的指导意义有限。而 CFD 方法在此却显示出了其强大的优越性。基于 CFD 方法实现气流均匀性的技术路线如图 1.7 所示（以反应器为例）。

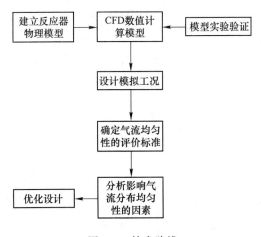

图 1.7　技术路线

　　在应用 CFD 方法优化设备性能之前，需要对计算模型进行验证，验证时需要建立烟气处理的冷态实验平台，验证其速度分布，不断修正数值计算模型，包括网格、边界条件、湍流模型等。在获得可靠的数值模型后，科学设计数值模拟工况，并确定评价气流分布均匀性的指标，在此基础上，以气流分布均匀性作为目标函数，通过 CFD 方法分析反应器各结构参数对其性能的影响规律，从而获得最优结构参数。

1.3　本书的主要内容

　　本书将从以下几个方面展开，第 2 章介绍 CFD 的基本理论；第 3 章介绍目前应用在钢铁工业烟气处理方面的主要工艺及设备，包括除尘、脱硫、脱硝装置等，并介绍其结构特点和工作原理；第 4 章介绍 CFD 的建模方法，包括物理模型、网格划分、数值计算模型，以及几种常用的软件等；第 5 章介绍实验设计的相关内容，包括几种常用的实验设计方法，并介绍优化分析方法；第 6 章介绍CFD 方法在钢铁工业烟气处理设备结构优化方面的应用实践。

参 考 文 献

[1] 百度百科"超低排放"词条 [EB/OL]. https：//baike. baidu. com/item/% E8% B6% 85% E4%BD%8E%E6%8E%92%E6%94%BE/19125632？ fr＝aladdin. 2020. 12. 18.

[2] 朱运法，王临清 . 煤电超低排放的技术经济与环境效益分析 [C]. 2016 年全国 SO$_2$、NO$_x$、PM2. 5、HG 污染控制技术研讨会，2016：99~105.

[3] Ze X B, Chen Z R. Study on flow field uniformity at the outlet of denitrtion reactor and optimization of diversion structure [C]. International Forum on Advances in Energy，2017，195（17）：31~40.

[4] 李晗天 . 流场与还原剂分布不均匀性对 SCR 反应系统脱硝性能的影响 [D]. 北京：清华大学，2016：23~24.

[5] 张鹏 . SCR 脱硝反应系统数值模拟及性能优化研究 [D]. 郑州：郑州大学，2016.

[6] 徐妍，李文彦 . SCR 脱硝反应器导流板的结构设计 [J]. 热力发电，2008（10）：49~52.

2 CFD 基本理论

根据流体的密度 ρ 是否为常数，可将流体分为压缩和不可压缩两大类。当密度 ρ 为常数时，流体为不可压缩流体；否则，为可压缩流体。有些可压缩流体在特定的流动条件下，可以按照不可压缩流体处理。

根据流体流动的物理量（如速度、压力、温度等）是否随时间变化，可将流动分为定常流和非定常流两大类。当物理量不随时间变化时，为定常流动；当流动的物理量随时间变化时，则为非定常流动。定常流动也称为恒定流动、稳态流动，非定常流动也称为非恒定流动、非稳态流动、瞬态流动。

流体的流动状态有层流和湍流两种形态，通常用准则数 Re 数来衡量，定义为流体流动的惯性力与黏滞力比值。当流体的黏滞力占主导地位时，流体在流动过程中层与层之间没有相互掺混的流动为层流，反之则为湍流。湍流是指流体不是处于分层流动状态，在大多数工程问题中，流体的流动往往处于湍流状态，湍流特性在工程中占有重要的地位，因此，湍流研究一直被研究者高度重视。

流体的流动与能量交换过程遵循基本的物理守恒定律，包括质量守恒、动量守恒和能量守恒定律。如果流体包含不同的组分并发生相互作用，还应包括组分守恒定律，如果流体运动的流态是湍流，还要附加湍流输运方程。这些物理定律的数学描述即为控制方程，质量守恒、动量守恒及能量守恒定律应用于流体中分别为连续性方程，动量（运动）方程和能量方程。

2.1 连续性方程

流体的流动必须满足连续性方程，即单位时间内流入（流出）微元体的流体净质量等于该微元体质量的变化率，它的微分形式表达式为：

$$\frac{\partial \rho}{\partial t} + \frac{\partial}{\partial x_i}(\rho u_i) = 0 \tag{2.1}$$

或

$$\frac{\partial \rho}{\partial t} + \text{div}(\rho \boldsymbol{V}) = 0 \tag{2.2}$$

式中，ρ 为密度；$\boldsymbol{V}$ 为速度矢量；u_i 为速度分量。

若流体不可压缩，式（2.1）、式（2.2）可写为：

$$\frac{\partial u_i}{\partial x_i} = 0 \tag{2.3}$$

或
$$\frac{\partial u}{\partial x} + \frac{\partial v}{\partial y} + \frac{\partial w}{\partial z} = 0 \tag{2.4}$$

2.2 动 量 方 程

流体的运动除了满足连续性方程外，还要遵循动量守恒定律，即流体微团的动量对时间的变化率等于流体微团所受的力（质量力和表面力的合力），也即运动方程。对于不可压缩流体，运动方程[1]可表示为：

$$\frac{\partial u_i}{\partial t} + u_j \frac{\partial u_i}{\partial x_j} = \frac{1}{\rho} \frac{\partial \tau_{ij}}{\partial x_j} + F_i \tag{2.5}$$

式中，u_i 是速度分量；τ_{ij} 是应力张量；F_i 是体积力。

由不可压缩牛顿流体本构方程

$$\tau_{ij} = -p\delta_{ij} + \left(\frac{\partial u_i}{\partial x_j} + \frac{\partial u_j}{\partial x_i} \right) \tag{2.6}$$

将式(2.6)代入式(2.5)可得：

$$\frac{\partial u_i}{\partial t} + u_j \frac{\partial u_i}{\partial x_j} = F_i - \frac{1}{\rho} \frac{\partial p}{\partial x_i} + \nu \frac{\partial}{\partial x_j} \frac{\partial u_i}{\partial x_j} \tag{2.7}$$

或写为：

$$\frac{\mathrm{d}V}{\mathrm{d}t} = F - \frac{1}{\rho} \nabla p + \nu \Delta V \tag{2.8}$$

即为不可压缩流体的 N-S 方程。若写为守恒形式则为：

$$\frac{\partial(\rho V)}{\partial t} + \mathrm{div}(\rho VV) = \mathrm{div}(\mu \,\mathrm{grad} V) - \frac{\partial p}{\partial x} + F \tag{2.9}$$

2.3 能 量 方 程

如果流体在运动过程中有能量交换或温度的变化，或流体组分产生化学反应，则还应遵守能量守恒定律，即流体微团能量的变化率等于单位时间内由外界传入流体微团的热量与外力对该流体所做的功，即有：

$$\frac{\mathrm{d}E}{\mathrm{d}t} = Q + W \tag{2.10}$$

（1）能量 E。能量 E 包括内能、动能和势能，为了简化将势能 g_z 转换到重力做功项，这样单位质量流体所具有的能量可写为：

$$e = e_1 + \frac{v^2}{2} \tag{2.11}$$

（2）传热量 Q。热量的传递方式有传导、对流和辐射三种方式，对流传热和流体的流动有关，另外计算；辐射可加入源项处理，因此传热量 Q 主要考虑 Fourier 定律热传导，对于体积为 V 的流体微团，单位时间通过界面 S 传入的热量为：

$$Q = \iint_S k \frac{\partial T}{\partial n} \mathrm{d}S \tag{2.12}$$

（3）外界对流体所做的功 W。流体所受的力只有质量力和表面力，因此外界对流体所做的功为质量力和表面力所做功之和。

由内能 $e_1 = c_v T$ 并近似认为 $c_v = c_p$，结合动量方程可得到以温度 T 为变量的能量方程[2]：

$$\frac{\partial(\rho T)}{\partial t} + \mathrm{div}(\rho u T) = \mathrm{div}\left(\frac{k}{c_p}\mathrm{grad}T\right) + s_T \tag{2.13}$$

式中，c_p 为流体比热容；T 为温度；k 为流体的热导率；s_T 为流体的内热源，或化学反应热、其他体积热源的源项。

2.4 组分输运方程

流体由两种或以上的组分组成，组分存在传质或能量的交换现象，或者流体组分有化学反应发生时，每一种组分都要满足组分质量守恒方程，如下式：

$$\frac{\partial(\rho Y_i)}{\partial t} + \mathrm{div}(V Y_i) = \mathrm{div}(D_{i,m}\mathrm{grad}(\rho Y_i)) + R_i \tag{2.14}$$

式中，Y_i 为流体中第 i 种组分的浓度；$D_{i,m}$ 为流体中第 i 种组分的扩散系数；R_i 为通过化学反应产生的第 i 种组分的质量，或净生成率。

2.5 通用控制方程

为了有助于控制方程计算程序的简化及程序组织，可以用一个通用形式对连续性方程、动量方程、能量方程、组分方程进行表达，虽然各方程的因变量不同，但都表达了单位时间单位体积内某一个物理量的守恒性。用 Φ 表示通用变量，则式（2.14）的通用形式[3]可表示为：

$$\frac{\partial(\rho\Phi)}{\partial t} + \mathrm{div}(\rho V\Phi) = \mathrm{div}(\Gamma\mathrm{grad}\Phi) + S \tag{2.15}$$

式中，Φ 为通用变量，可以代表速度矢量 V 和 T 等求解变量；Γ 为广义的扩散系数；S 为广义源项。对于特定的方程，Φ、Γ、S 具有其特有的形式（表 2.1）。

表 2.1   通用控制方程中 Φ、Γ、S 形式

方程	符 号		
	Φ	Γ	S
连续性方程	1	0	0
动量方程	V	μ	$-\dfrac{\partial p}{\partial x_i} + F_i$
能量方程	T	$\dfrac{k}{c_p}$	s_T
组分方程	Y_i	$\rho D_{i,m}$	R_i

2.6   湍 流 模 型

流体层流流动时各流层间互不掺混，流线为相互平行的直线，是运动规则的黏性流体运动，因此，可以直接从流体动力学控制方程出发进行求解。但是湍流运动时各流层间互相掺混，有旋涡出现，是随机的三维非恒定有旋流动。湍流流动的不规则性主要体现在脉动现象，也即流体的速度、压强等空间点上的物理量随时间作无规则的随机变动，在做相同条件下的重复试验时，所得的物理量的瞬时值不相同，但多次重复试验结果的算术平均值趋于一致，具有规律性。由于脉动的随机性，统计平均方法就是处理湍流的基本手段，把空间点某一物理量的瞬时值分解为时均值和脉动值。将流体动力学控制方程应用于湍流流动时，需进行时均计算，运动方程的时均化计算后为雷诺方程并增加了一项 $-\rho\,\overline{u_i u_j}$，即湍流惯性切应力，它是由雷诺首先提出的，也称为雷诺应力。应用时均湍流的连续性方程和雷诺方程解决湍流问题时，未知数包括 3 个时均流速分量、1 个时均压强，以及 6 个雷诺应力，共 10 个变量，超过方程的个数，从而造成时均湍流基本方程组的不封闭。因此，要解决方程组的封闭问题，根据湍流的运动规律寻求附加的条件和关系式，从而使方程组封闭可解就是近年来所形成的各种湍流模型。湍流模型已成为解决工程实际湍流问题的一个有效手段。最初的湍流模型理论是 Boussinesq 提出的用涡黏度将雷诺应力与时均流速相联系，后来又发展了以普朗特混合长度理论为代表的半经验理论。这些湍流模型都只是应用湍流的时均方程，并未引入任何有关脉动量的微分方程，因而被称为零方程模型。其后，又发展了一方程模型、两方程模型和多方程模型等，即除时均的雷诺方程和连续性方程外又增加了有关脉动量的微分方程。若增加一个关于代表湍动能 k 的微分方程，称为 k 方程（k equation），进一步再增加一个关于能量耗散率 ε 的微分方程，

称为 ε 方程（ ε equation ），这样的两方程模型通常称为 k-ε 模型，近年来应用十分广泛。

2.6.1 零方程模型

这类模型只需用时均流速的偏微分方程组，不再增加任何脉动量的偏微分方程，但需建立雷诺应力项和时均流速之间的关系。

2.6.1.1 涡黏性模型

该模型是 Boussinesq 提出的最早的湍流半经验理论。他把雷诺应力与黏性应力相比拟，认为黏性应力既然等于黏性系数和变形率的乘积，即 $\mu\left(\dfrac{\partial u_i}{\partial x_j} + \dfrac{\partial u_j}{\partial x_i}\right)$，那么，雷诺应力也可表示为类似的形式，即 $-\rho\,\overline{u'_i u'_j} = \mu_t\left(\dfrac{\partial u_i}{\partial x_j} + \dfrac{\partial u_j}{\partial x_i}\right)$。其中 μ_t 称为湍动黏性系数或涡黏系数，Boussinesq 把涡黏系数和黏性系数相比拟，看作一个常数。实际上，两者有着本质的区别，黏性系数是代表流体的一种物理特性，其值只取决于流体的性质，而与流动状况无关；而涡黏系数是代表湍动的特性，和流动状况及边界条件密切相关，各处流动状况不同，其值将不同，一般不能看作常数。

虽然涡黏模型有缺点，但涡黏模型简单，在解决一般简单问题时也能起到一定作用，而且后来许多改进的模型常以它为基础，所以有一定的价值。

2.6.1.2 混合长度理论

该模型是普朗特提出的半经验理论[4]，普朗特假设在脉动过程中存在一个与分子平均自由程相当的距离，流体微团在该距离内不会和其他微团相碰，因而保持原有的物理属性。如保持动量不变，只是在经过这段距离后才与周围流体相混合，并取得与新位置上原有流体相同的动量等。对于二维流动问题可得雷诺应力为 $-\rho\,\overline{u'_x u'_y} = \rho l^2\left(\dfrac{d\bar{u}}{dy}\right)^2$。式中，$l$ 为混合长度，普朗特假定在固壁附近 $l = kx_2$，（式中 x_2 为离开壁面的法向距离）；k 为常数，由实测资料确定，目前多用 $k = 0.4$。在远离壁面的自由湍流射流，假定在横断面上 l 是一个常数，且与断面上混合区的宽度 b 成正比。取流速梯度近似等于断面上最大流速和最小流速之差除以宽度 b，即 $\dfrac{du}{dy} = \dfrac{1}{b}(\bar{u}_{max} - \bar{u}_{min})$，则有 $-\rho\,\overline{u'_x u'_y} = \rho\kappa b(\bar{u}_{max} - \bar{u}_{min})\dfrac{du}{dy}$。混合长度理论是半经验理论，是不完善的。例如，普朗特假定流体微团要经过一定距离才发生混合，这与实际混合是连续过程不符。

2.6.2　一方程模型

2.6.2.1　k 方程模型

雷诺方程的雷诺应力仍用涡黏模型，可类比为黏性应力与变形率的关系为：

$$- \rho \, \overline{u_i u_j} = \mu_t \left(\frac{\partial \overline{u_i}}{\partial x_j} + \frac{\partial \overline{u_j}}{\partial x_i} \right) - \frac{2}{3} \rho k \delta_{ij} \tag{2.16}$$

式中，μ_t 为涡黏系数；k 为单位质量流体的湍动动能；δ_{ij} 为 Kronecker 内积符号。

湍动动能 $k = \frac{1}{2} \overline{u_i u_j}$ 将涡黏系数与湍动动能 k 联系，采用柯尔莫戈罗夫－普朗特表示式，即：

$$\mu_t = \rho C_\mu \sqrt{k} \, l \tag{2.17}$$

式中，C_μ 为经验常数；l 为特征长度。

为此需要补充一个 k 的微分方程，即 k 方程模型：

$$\frac{\partial(\rho k)}{\partial t} + \frac{\partial(\rho k u_i)}{\partial x_i} = \frac{\partial}{\partial x_j} \left[\left(\mu + \frac{\mu_t}{\sigma_k} \right) \frac{\partial k}{\partial x_j} \right] + \mu_t \left(\frac{\partial u_i}{\partial x_j} + \frac{\partial u_j}{\partial x_i} \right) \frac{\partial u_i}{\partial x_j} - \rho C_D \frac{k^{3/2}}{l} \tag{2.18}$$

式中，C_μ，C_D，σ_k 为经验常数，通常取值为 $C_\mu = 0.09$，$C_D = 0.08 \sim 0.38$，$\sigma_k = 1$。
k 方程模型包含湍动的对流输运和扩散输运，比零方程模型更为合理。

2.6.2.2　Spalart-Allmaras 模型

Spalart-Allmaras 模型[5]的求解变量是 $\tilde{\nu}$，表征了近壁（黏性影响）区域以外的湍流运动黏性系数，$\tilde{\nu}$ 的输运方程为：

$$\rho \frac{D \tilde{\nu}}{Dt} = G_\nu + \frac{1}{\sigma_{\tilde{\nu}}} \left[\frac{\partial}{\partial x_j} \left\{ (\mu + \rho \tilde{\nu}) \frac{\partial \tilde{\nu}}{\partial x_j} \right\} + C_{b2} \rho \left(\frac{\partial \tilde{\nu}}{\partial x_j} \right) \right] - Y_\nu \tag{2.19}$$

式中，G_ν 是湍流黏性产生项；Y_ν 是由于壁面阻挡与黏性阻尼引起的湍流黏性的减少；$\sigma_{\tilde{\nu}}$ 和 C_{b2} 是常数；ν 是分子运动黏性系数。

湍流黏性系数用如下公式计算：

$$\mu_t = \rho \tilde{\nu} f_{\nu 1}$$

式中，$f_{\nu 1}$ 是黏性阻尼函数，定义为：$f_{\nu 1} = \dfrac{\chi^3}{\chi^3 + C_{\nu 1}^3}$，并且 $\chi \equiv \dfrac{\tilde{\nu}}{\nu}$。

湍流黏性产生项 G_ν 用下式计算：

$$G_\nu = C_{b1} \rho \tilde{S} \tilde{\nu} \tag{2.20}$$

式中，$\widetilde{S} \equiv S + \dfrac{\widetilde{\nu}}{k_1^2 d^2} f_{\nu 2}$，而 $f_{\nu 2} = 1 - \dfrac{\chi}{1 + \chi f_{\nu 1}}$。其中，$C_{b1}$ 和 k_1 是常数，d 是计算点到壁面的距离；$S \equiv \sqrt{2\Omega_{ij}\Omega_{ij}}$。$\Omega_{ij}$ 定义为：

$$\Omega_{ij} = \frac{1}{2}\left(\frac{\partial u_j}{\partial x_i} - \frac{\partial u_i}{\partial x_j}\right) \tag{2.21}$$

由于平均应变率对湍流产生也起到很大作用，故 Fluent 处理过程中定义 S 为：

$$S \equiv |\Omega_{ij}| + C_{prod}\min(0, |S_{ij}| - |\Omega_{ij}|) \tag{2.22}$$

式中，$C_{prod} = 2.0$，$|\Omega_{ij}| \equiv \sqrt{\Omega_{ij}\Omega_{ij}}$，$|S_{ij}| \equiv \sqrt{2S_{ij}S_{ij}}$，平均应变率 S_{ij} 定义为：

$$S_{ij} = \frac{1}{2}\left(\frac{\partial u_j}{\partial x_i} + \frac{\partial u_i}{\partial x_j}\right) \tag{2.23}$$

湍流黏性系数减少项 Y_ν 为：

$$Y_\nu = C_{w1}\rho f_w \left(\frac{\widetilde{\nu}}{d}\right)^2 \tag{2.24}$$

其中，

$$f_w = g\left[\frac{1 + C_{w3}^6}{g^6 + C_{w3}^6}\right]^{1/6} \tag{2.25}$$

$$g = r + C_{w2}(r^6 - r) \tag{2.26}$$

$$r \equiv \frac{\widetilde{\nu}}{\widetilde{S}k_1^2 d^2} \tag{2.27}$$

式中，C_{w1}，C_{w2}，C_{w3} 是常数，$\widetilde{S} \equiv S + \dfrac{\widetilde{\nu}}{k_1^2 d^2} f_{\nu 2}$。

在上式中，包括了平均应变率对 S 的影响，因而也影响用 $\widetilde{S}$ 计算出来的 r。

上面的模型常数在 Fluent 中默认值为：$C_{b1} = 0.1335$，$C_{b2} = 0.622$，$\sigma_{\widetilde{\nu}} = 2/3$，$C_{\nu 1} = 7.1$，$C_{w1} = C_{b1}/k_1^2 + (1 + C_{b2})/\sigma_{\widetilde{\nu}}$，$C_{w2} = 0.3$，$C_{w3} = 2.0$，$k_1 = 0.41$。

2.6.3 标准 k-ε 模型（standard k-ε model）

在湍动动能 k 方程外，再增加一个确定紊动特征长度 l 的偏微分方程，即为两方程模型，定义湍动能耗散率为流体湍动能转化为内部热能的速率，等于湍动抗击黏性应力做功的平均速率[6]：

$$\varepsilon \sim k^{3/2}/l$$

由式（2.17），则涡黏系数可写为：

$$\nu_{\mathrm{t}} = C_\mu k^2 / \varepsilon$$

湍动能 k 方程前面已给出，为此需要补充一个求解 ε 的方程，即标准 $k\text{-}\varepsilon$ 模型，该模型需要求解湍动能及其耗散率方程。湍动能输运方程是通过精确的方程推导得到的，但耗散率方程是通过物理推理，数学上模拟相似原形方程得到的。该模型假设流动为完全湍流，分子黏性的影响可以忽略，因此，标准 $k\text{-}\varepsilon$ 模型只适合完全湍流的流动过程模拟。

标准 $k\text{-}\varepsilon$ 模型的湍动能 k 和耗散率 ε 方程为如下形式：

$$\rho \frac{\mathrm{D}k}{\mathrm{D}t} = \frac{\partial}{\partial x_i}\left[\left(\mu + \frac{\mu_{\mathrm{t}}}{\sigma_k}\right)\frac{\partial k}{\partial x_i}\right] + G_k + G_{\mathrm{b}} - \rho\varepsilon - Y_{\mathrm{M}} \qquad (2.28)$$

$$\rho \frac{\mathrm{D}\varepsilon}{\mathrm{D}t} = \frac{\partial}{\partial x_i}\left[\left(\mu + \frac{\mu_{\mathrm{t}}}{\sigma_k}\right)\frac{\partial \varepsilon}{\partial x_i}\right] + C_{1\varepsilon}\frac{\varepsilon}{k}(G_k + C_{3\varepsilon}G_{\mathrm{b}}) - C_{2\varepsilon}\rho\frac{\varepsilon^2}{k} \qquad (2.29)$$

在上述方程中，G_k 表示由于平均速度梯度引起的湍动能产生项，G_{b} 是用于浮力影响引起的湍动能产生项；Y_{M} 为可压速湍流脉动膨胀对总的耗散率的影响。湍流黏性系数 $\mu_{\mathrm{t}} = \rho C_\mu \dfrac{k^2}{\varepsilon}$。

式中，$C_{1\varepsilon} = 1.44$，$C_{2\varepsilon} = 1.92$，$C_\mu = 0.09$，湍动能 k 与耗散率 ε 的湍流普朗特数分别为 $\sigma_k = 1.0$，$\sigma_\varepsilon = 1.3$。

2.6.4　重整化群 $k\text{-}\varepsilon$ 模型（RNG $k\text{-}\varepsilon$ model）

重整化群（renormalization group，RNG）$k\text{-}\varepsilon$ 模型是对瞬时的 Navier–Stokes 方程用重整化群的数学方法推导出来的模型[5]，模型中的常数与标准 $k\text{-}\varepsilon$ 模型不同，而且方程中也出现了新的函数项。其湍动能与耗散率方程与标准 $k\text{-}\varepsilon$ 模型有相似的形式：

$$\rho \frac{\mathrm{D}k}{\mathrm{D}t} = \frac{\partial}{\partial x_i}\left[(\alpha_k\mu_{\mathrm{eff}})\frac{\partial k}{\partial x_i}\right] + G_k + G_{\mathrm{b}} - \rho\varepsilon - Y_{\mathrm{M}} \qquad (2.30)$$

$$\rho \frac{\mathrm{D}\varepsilon}{\mathrm{D}t} = \frac{\partial}{\partial x_i}\left[(\alpha_\varepsilon\mu_{\mathrm{eff}})\frac{\partial \varepsilon}{\partial x_i}\right] + C_{1\varepsilon}\frac{\varepsilon}{k}(G_k + C_{3\varepsilon}G_{\mathrm{b}}) - C_{2\varepsilon}\rho\frac{\varepsilon^2}{k} - R \qquad (2.31)$$

式中，G_k，G_{b} 和 Y_{M} 与标准 $k\text{-}\varepsilon$ 模型中参数相同；α_k 和 α_ε 分别是湍动能 k 和耗散率 ε 的有效湍流普朗特数的倒数。

湍流黏性系数计算公式为：

$$\mathrm{d}\left(\frac{\rho^2 k}{\sqrt{\varepsilon\mu}}\right) = 1.72\frac{\tilde{\nu}}{\sqrt{\tilde{\nu}^3 - 1 - C\nu}}\mathrm{d}\tilde{\nu} \qquad (2.32)$$

其中，$\tilde{\nu} = \mu_{\mathrm{eff}}/\mu$，$C_\nu \approx 100$。

对上面方程积分，可以精确得到有效雷诺数（涡旋尺度）对湍流输运的影响，这有助于处理低雷诺数和近壁流动问题的模拟。

对于高雷诺数，上面方程可以给出：$\mu_t = \rho C_\mu \dfrac{k^2}{\varepsilon}$，$C_\mu = 0.0845$。

在 Fluent 中，如果是默认设置，用重整化群 k-ε 模型时针对的是高雷诺数流动问题。如果对低雷诺数问题进行数值模拟，必须进行相应的设置。

湍流耗散率方程右边的 R 为：

$$R = \frac{C_\mu \rho \eta^3 (1 - \eta/\eta_0)}{1 + \beta \eta^3} \frac{\varepsilon^2}{k} \tag{2.33}$$

其中，$\eta \equiv Sk/\varepsilon$，$\eta_0 = 4.38$，$\beta = 0.012$。

为了更清楚体现 R 对耗散率的影响，将耗散率输运方程重写为：

$$\rho \frac{D\varepsilon}{Dt} = \frac{\partial}{\partial x_i} \left[(\alpha_\varepsilon \mu_{\text{eff}}) \frac{\partial \varepsilon}{\partial x_i} \right] + C_{1\varepsilon} \frac{\varepsilon}{k} (G_k + C_{3\varepsilon} G_b) - C_{2\varepsilon} \rho \frac{\varepsilon^2}{k} - C_{2\varepsilon}^* \rho \frac{\varepsilon^2}{k}$$
$$\tag{2.34}$$

则

$$C_{2\varepsilon}^* = C_{2\varepsilon} + \frac{C_\mu \rho \eta^3 (1 - \eta/\eta_0)}{1 + \beta \eta^3} \tag{2.35}$$

在 $\eta < \eta_0$ 的区域，R 的贡献为正；$C_{2\varepsilon}^*$ 大于 $C_{2\varepsilon}$。以对数区为例，$\eta \approx 3$，$C_{2\varepsilon}^* \approx 2.0$，这和标准 k-ε 模型中给出的 $C_{2\varepsilon} = 1.92$ 接近。因此，对于弱旋和中等旋度的流动问题，重整化群 k-ε 模型给出的结果比标准 k-ε 模型的结果要大。

重整化群模型中，$C_{1\varepsilon} = 1.42$，$C_{2\varepsilon} = 1.68$。

2.6.5　可实现 k-ε 模型（realizable k-ε model）

可实现 k-ε 模型的湍动能及其耗散率输运方程[5]为：

$$\rho \frac{Dk}{Dt} = \frac{\partial}{\partial x_j} \left[\left(\mu + \frac{\mu_t}{\sigma_k} \right) \frac{\partial k}{\partial x_j} \right] + G_k + G_b - \rho \varepsilon - Y_M \tag{2.36}$$

$$\rho \frac{D\varepsilon}{Dt} = \frac{\partial}{\partial x_j} \left[\left(\mu + \frac{\mu_t}{\sigma_t} \right) \frac{\partial \varepsilon}{\partial x_j} \right] + \rho C_1 S \varepsilon - \rho C_2 \frac{\varepsilon^2}{k + \sqrt{\nu \varepsilon}} + C_{1\varepsilon} \frac{\varepsilon}{k} C_{3\varepsilon} G_b \tag{2.37}$$

其中，$C_1 = \max \left[0.43, \dfrac{\eta}{\eta + 5} \right]$，$\eta = Sk/\varepsilon$。

式中，G_k 表示由于平均速度梯度引起的湍动能产生；G_b 是用于浮力影响引起的湍动能产生；Y_M 为可压速湍流脉动膨胀对总的耗散率的影响；C_2 和 $C_{1\varepsilon}$ 是常数；σ_k，σ_ε 分别是湍动能及其耗散率的湍流普朗特数。

在 Fluent 中，作为默认值常数，$C_{1\varepsilon} = 1.44$，$C_2 = 1.9$，$\sigma_k = 1.0$，$\sigma_\varepsilon = 1.2$。

可实现 k-ε 模型的湍动能的输运方程与标准 k-ε 模型和重整化群 k-ε 模型有相同的形式，只是模型参数不同，但耗散率方程有较大不同。

湍流黏性系数公式为 $\mu_t = \rho C_\mu \dfrac{k^2}{\varepsilon}$，这和标准 k-ε 模型相同。不同的是，在可实现 k-ε 模型中，C_μ 不再是个常数，而是通过如下公式计算：

$$C_\mu = \frac{1}{A_0 + A_s \dfrac{U^* K}{\varepsilon}} \tag{2.38}$$

式中，$U^* = \sqrt{S_{ij}S_{ij} + \widetilde{\Omega}_{ij}\widetilde{\Omega}_{ij}}$，$\widetilde{\Omega}_{ij} = \Omega_{ij} - 2\varepsilon_{ijk}\omega_k$，$\Omega_{ij} = \overline{\Omega}_{ij} - \varepsilon_{ijk}\omega_k$，$\overline{\Omega}_{ij}$ 是旋转角速度 ω_k 的旋转参考系中平均旋转张量。

模型常数 $A_0 = 4.04$，$A_s = \sqrt{6}\cos\phi$，而 $\phi = \dfrac{1}{3}\arccos(\sqrt{6}W)$，式中 $W = \dfrac{S_{ij}S_{jk}S_{kj}}{\widetilde{S}}$，$\widetilde{S} = \sqrt{S_{ij}S_{ij}}$，$S_{ij} = \dfrac{1}{2}\left(\dfrac{\partial u_j}{\partial x_i} + \dfrac{\partial u_i}{\partial x_j}\right)$。

可以发现，C_μ 是平均应变率与旋度的函数，在平衡边界层惯性底层可以得到 $C_\mu = 0.09$，与标准 k-ε 模型中采用的常数一样。

k-ε 双方程模型中，无论是标准 k-ε 模型、重整化群 k-ε 模型还是可实现 k-ε 模型，3 个模型有类似的形式，即都有 k 和 ε 的输运方程，它们的区别在于：（1）计算湍流黏性的方法不同；（2）控制湍流扩散的湍流 Prandtl 数不同；（3）ε 方程中的产生项和 G_k 关系不同。但都包含了相同的表示由于平均速度梯度引起的湍动能产生 G_k，用于浮力影响引起的湍动能产生 G_b，可压速湍流脉动膨胀对总耗散率的影响 Y_M。

湍动能产生项为：

$$G_k = -\rho \overline{u'_i u'_j} \frac{\partial u_j}{\partial x_i} \tag{2.39}$$

$$G_b = \beta g_i \frac{\mu_t}{Pr_t} \frac{\partial T}{\partial x_i} \tag{2.40}$$

式中，Pr_t 是能量的湍流普特朗数，对于可实现 k-ε 模型，默认设置值为 0.85。对于重整化群 k-ε 模型，$Pr_t = 1/\alpha$，$\alpha = 1/Pr_t = k/(\mu C_p)$。热膨胀系数 $\beta = -\dfrac{1}{\rho}\left(\dfrac{\partial \rho}{\partial T}\right)_p$，对于理想气体，浮力引起的湍动能产生项变为：

$$G_b = -g_i \frac{\mu_t}{\rho Pr_t} \frac{\partial \rho}{\partial x_i} \tag{2.41}$$

在 Fluent 软件中，如果有重力作用，并且流场里有密度或者温度的梯度，浮力对湍动能的影响是存在的。如果要考虑浮力对耗散率的影响，在"黏性模型"面板中设置。浮力对耗散率影响是用 $C_{3\varepsilon}$ 来体现。但 $C_{3\varepsilon}$ 并不是常数，而是如下的函数形式：

$$C_{3\varepsilon} = \tanh \left| \frac{v}{u} \right| \tag{2.42}$$

式中，v 是平行于重力方向的速度分量；u 是垂直于重力方向的速度分量。

对于流动速度与重力方向相同的剪切流动，$C_{3\varepsilon} = 1$，对于流动方向与重力方向垂直的剪切流，$C_{3\varepsilon} = 0$。

2.6.6 雷诺应力模型（RSM）

雷诺应力模型（Reynolds stress model，RSM）是求解雷诺应力张量的各个分量的输运方程。具体形式为：

$$\underbrace{\frac{\partial}{\partial t}(\rho \overline{u_i u_j}) + \frac{\partial}{\partial x_k}(\rho U_k \overline{u_i u_j})}_{\text{对流项 } C_{ij}} = \underbrace{-\frac{\partial}{\partial x_k}[\rho \overline{u_i u_j u_k} + \overline{p(\delta_{kj} u_i + \delta_{ik} u_j)}]}_{\text{湍流扩散项 } D_{ij}^{\mathrm{T}}} +$$

$$\underbrace{\frac{\partial}{\partial x_k}\left[\mu \frac{\partial}{\partial x_k}\overline{u_i u_j}\right]}_{\text{分子扩散 } D_{ij}^{\mathrm{L}}} - \underbrace{\rho\left(\overline{u_i u_k}\frac{\partial U_j}{\partial x_k} + \overline{u_j u_k}\frac{\partial U_i}{\partial x_k}\right)}_{\text{应力产生项 } P_{ij}} - \underbrace{\rho\beta(g_i \overline{u_j \theta} + g_j \overline{u_i \theta})}_{\text{浮力产生项 } G_{ij}} + \underbrace{\overline{p\left(\frac{\partial u_i}{\partial x_j} + \frac{\partial u_j}{\partial x_i}\right)}}_{\text{压力应变项 } \Phi_{ij}} -$$

$$\underbrace{2\mu \overline{\frac{\partial u_i}{\partial x_k}\frac{\partial u_j}{\partial x_k}}}_{\text{耗散项 } \varepsilon_{ij}} - \underbrace{2\rho\Omega_k(\overline{u_j u_m}\varepsilon_{ikm} + \overline{u_i u_m}\varepsilon_{jkm})}_{\text{系统旋转产生项 } F_{ij}} \tag{2.43}$$

上面方程中，C_{ij}，D_{ij}^{L}，P_{ij}，F_{ij} 不需要模拟，而 D_{ij}^{T}，G_{ij}，Φ_{ij}，ε_{ij} 需要模拟以封闭方程。

D_{ij}^{T} 采用标量湍流扩散模型：

$$D_{ij}^{\mathrm{T}} = \frac{\partial}{\partial x_k}\left(\frac{\mu_{\mathrm{t}}}{\sigma_k}\frac{\partial \overline{u_i u_j}}{\partial x_k}\right) \tag{2.44}$$

式中，湍流黏性系数用 $\mu_{\mathrm{t}} = \rho C_\mu \dfrac{k^2}{\varepsilon}$ 来计算，$\sigma_k = 0.82$，这和标准 k-ε 模型中选取 1.0 有所不同。

压力应变项 Φ_{ij} 可以分解为三项，即：

$$\Phi_{ij} = \Phi_{ij,1} + \Phi_{ij,2} + \Phi_{ij}^{\mathrm{w}} \tag{2.45}$$

式中，$\Phi_{ij,1}$，$\Phi_{ij,2}$ 和 Φ_{ij}^{w} 分别是慢速项、快速项和壁面反射项。

$$\Phi_{ij,1} = -C_1\rho \frac{\varepsilon}{k}\left[\overline{u_i u_j} - \frac{2}{3}\delta_{ij}k\right]，\quad \text{常数 } C_1 = 1.8。$$

$$\Phi_{ij,2} = -C_2\left[(P_{ij} + F_{ij} + G_{ij} - C_{ij}) - \frac{2}{3}\delta_{ij}(P + G - C)\right]，\quad C_2 = 0.60，\quad P =$$

$\dfrac{1}{2}P_{kk}$ ， $G = \dfrac{1}{2}G_{kk}$ ， $C = \dfrac{1}{2}C_{kk}$ 。

壁面反射项 Φ_{ij}^{w} 用于重新计算近壁的雷诺正应力，主要是减少垂直于壁面的雷诺正应力，增加平行于壁面的雷诺正应力。该项模拟为：

$$\Phi_{ij}^{\mathrm{w}} = C_1' \frac{\varepsilon}{k} \left(\overline{u_k u_m} n_k n_m \delta_{ij} - \frac{3}{2} \overline{u_i u_k} n_j n_k - \frac{3}{2} \overline{u_j u_k} n_i n_k \right) \frac{k^{3/2}}{C_l \varepsilon d} +$$

$$C_2' \left(\Phi_{km,2} n_k n_m \delta_{ij} - \frac{3}{2} \Phi_{ik,2} n_j n_k - \frac{3}{2} \Phi_{jk,2} n_i n_k \right) \frac{k^{3/2}}{C_l \varepsilon d} \tag{2.46}$$

式中， $C_1' = 0.5$ ， $C_2' = 0.3$ ； n_k 是 x_k 在垂直于壁面方向上的单位分量； d 是到壁面的距离； $C_l = C_\mu^{3/4} / k$ ， $C_\mu = 0.09$ ， $k = 0.41$ 。

默认设置时，Fluent 不计算 Φ_{ij}^{w} 。如果需要计算，在"黏性模型"面板中设置。

2.6.6.1 浮力对湍流的影响

浮力引起的产生项为：

$$G_{ij} = \beta \frac{\mu_{\mathrm{t}}}{Pr_{\mathrm{t}}} \left(g_i \frac{\partial T}{\partial x_j} + g_j \frac{\partial T}{\partial x_i} \right) \tag{2.47}$$

式中， Pr_{t} 是能量的湍流普朗特数，默认设置值为 0.85。

对于理想气体，把热膨胀系数的定义代入上式，可得：

$$G_{ij} = - \frac{\mu_{\mathrm{t}}}{\rho Pr_{\mathrm{t}}} \left(g_i \frac{\partial \rho}{\partial x_j} + g_j \frac{\partial \rho}{\partial x_i} \right) \tag{2.48}$$

2.6.6.2 耗散项 ε_{ij} 的模拟

耗散张量 ε_{ij} 为：

$$\varepsilon_{ij} = \frac{2}{3} \delta_{ij} (\rho \varepsilon + Y_{\mathrm{M}}) \tag{2.49}$$

式中， $Y_{\mathrm{M}} = \rho \varepsilon 2 Ma^2$ ， Ma 是马赫数；标量耗散率 ε 用标准 k-ε 模型中的耗散率输运方程求解。

2.6.7 大涡模拟（LES）

湍流中包含了不同时间与长度尺度的涡旋，最大长度尺度通常为平均流动的特征长度尺度，最小尺度为 Komogrov 尺度。

大涡模拟（large eddy simulation，LES）的基本假设是：（1）动量、能量、质量及其他标量主要由大涡输运；（2）流动的几何和边界条件决定了大涡的特性，而流动特性主要在大涡中体现；（3）小尺度涡旋受几何和边界条件影响较小，并且各向同性。LES 过程中，直接求解大涡，小尺度涡旋模拟，从而使得网格要求比直接数值模拟（direct numerial simulation，DNS）低[7]。

LES 的控制方程是对 N-S 方程在波数空间或者物理空间进行过滤得到的。过滤的过程是去掉比过滤宽度或者给定物理宽度小的涡旋，从而得到大涡旋的控制方程。

过滤变量定义为：

$$\overline{\phi}(x) = \int_D \phi(x') G(x, x') \mathrm{d}x' \qquad (2.50)$$

式中，D 为流体区域；G 是决定涡旋大小的过滤函数。

在 Fluent 软件中，有限控制体离散本身包括了过滤运算：

$$\overline{\phi}(x) = \frac{1}{V} \int_V \phi(x') \mathrm{d}x', \ x' \in V \qquad (2.51)$$

式中，V 是计算控制体体积，过滤函数为：

$$G(x, x') = \begin{cases} 1/V, & x' \in V \\ 0, & x' \notin V \end{cases} \qquad (2.52)$$

目前，LES 对不可压流动问题应用较多，但在可压缩问题中的应用还很少，因此这里涉及的理论都是针对不可压流动的 LES 方法。在 Fluent 中，LES 只能针对不可压流体（当然并非说密度是常数）的流动。

过滤不可压的 N-S 方程后，可以得到 LES 控制方程[8]：

$$\frac{\partial \rho}{\partial t} + \frac{\partial \rho \overline{u_i}}{\partial x_i} = 0 \qquad (2.53)$$

$$\frac{\partial}{\partial t}(\rho \overline{u_i}) + \frac{\partial}{\partial x_j}(\rho \overline{u_i} \, \overline{u_j}) = \frac{\partial}{\partial x_j}\left(\mu \frac{\partial \overline{u_i}}{\partial x_j}\right) - \frac{\partial \overline{p}}{\partial x_i} - \frac{\partial \tau_{ij}}{\partial x_j} \qquad (2.54)$$

式中，τ_{ij} 为亚网格应力，定义为：

$$\tau_{ij} = \rho \overline{u_i u_j} - \rho \overline{u_i} \cdot \overline{u_j} \qquad (2.55)$$

很明显，上述方程与雷诺平均方程很相似，只不过 LES 中的变量是过滤过的量，而非时间平均量，并且湍流应力也不同。

2.7 多相流模型

多相流就是在流动中的流体不是单相物质，而是有两种或两种以上不同相的物质同时存在的一种流体运动。因此，两相流动可能是液相和气相的流动、液相和固相的流动或固相和气相的流动，如制冷剂在蒸发器管道内的流动，江河水携泥沙的流动，除尘管道或除尘器内携粉尘烟气的流动等。也有气相、液相和固相三相混合物的流动，如气井中喷出的流体以天然气为主，但也包含一定数量的液体和泥沙，这是比两相流更复杂的一种流动[9]。

目前用于研究多相流的方法有欧拉-拉格朗日方法和欧拉-欧拉方法。在欧拉-拉格朗日方法中，流体相被视为连续相，可以通过时均的 N-S 方程求解，而离散相是通过计算流场中大量粒子的运动得到的。离散相和流体相之间存在动量、质量和能量的交换。

该方法适用的前提是作为离散的第二相的体积分数很低，即使离散相的质量高于流体相（$m_{particle} \geqslant m_{fluid}$）也是可以的，在流体相计算的指定间隙内独立完成粒子运行轨迹的计算。

欧拉-拉格朗日方法对应的 Fluent 模型为离散相模型（discrete phase model, DPM），适用于喷雾、煤粉或液体燃料的燃烧、颗粒流等，不适用于液-液混合物、流化床或者离散相体积分数很大的场合。

在欧拉-欧拉方法中，不同的相被处理成互相渗透的连续介质。由于一种相所占的体积无法再被其他相占有，故此引入相体积分数（phasic volume fraction）的概念。体积分数是时间和空间的连续函数，各相的体积分数之和等于 1。从各相的守恒方程可以推导出一组方程，其对于所有的相都具有类似的形式。通过经验关联式得到本构方程能使上述方程封闭，而对于颗粒流（granular flows），则可以应用动力学理论使方程封闭。

在 Fluent 软件中，共有 3 种欧拉-欧拉多相流模型，即 VOF（volume of fluid）模型、混合物（mixture model）模型和欧拉（Eulerian model）模型[5]。

2.7.1 欧拉-拉格朗日方法（离散相模拟）

Fluent 程序除了可以模拟连续相以外，也可以在 Lagrangian 坐标系下模拟离散相。离散相为球形颗粒（也可以是水滴或气泡）弥散在连续相中。Fluent 可以计算离散相的颗粒轨道，以及其与连续相之间的质量和能量交换。耦合求解连续相和离散相，可以考虑相间的相互作用及影响。

2.7.1.1 离散相的应用范围

Fluent 中的离散相模型假定第二相（分散相）非常稀疏，因而颗粒、颗粒之间的相互作用、颗粒体积分数对连续相的影响均未加以考虑。这种假定意味着分散相的体积分数必然很低，一般说来要小于 10% ~ 12%。但颗粒质量可以大于 10% ~ 12%，即用户可以模拟分散相质量流率等于或大于连续相的流动。

一旦使用了离散相模型，下面的模型将不能使用：

（1）选择了离散相模型后，不能再使用周期性边界条件（无论是质量流率还是压差边界条件）；

（2）可调整时间步长方法不能与离散相模型同时使用；

（3）预混燃烧模型中只能使用非反应颗粒模型；

（4）同时选择了多参考坐标系与离散相颗粒模型时，在缺省情况下，颗粒轨道的显示失去了其原有意义。

离散相模型对周期性流动过程不适合；如果采用预混燃烧模型，就不能考虑颗粒的化学反应，采用多坐标系的流动。

采用颗粒轨道模型计算离散相时，需要给出颗粒的初始位置、速度、颗粒大小、温度及颗粒的物性参数。颗粒轨道的计算根据颗粒的力平衡计算，颗粒的传热传质根据颗粒与连续相间的对流和辐射换热及质量交换来计算，颗粒轨道，颗粒传热传质计算结果可以以图的形式给出。

2.7.1.2 湍流中的颗粒

随机轨道模型或颗粒群模型可以考虑颗粒湍流扩散的影响，在随机轨道模型中通过应用随机方法来考虑瞬时湍流速度对颗粒轨道的影响。颗粒群模型则是跟踪由统计平均决定的一个"平均"轨道，颗粒群中的颗粒浓度分布假设服从高斯概率分布函数（probability distribution function，PDF）。两种模型中，颗粒对连续相湍流的生成与耗散均没有直接影响。

根据作用在颗粒（液滴，气泡）上力的平衡，可以给出颗粒在 Lagrange 坐标系下的运动方程：

$$\frac{\mathrm{d}u_p}{\mathrm{d}t} = F_D(u - u_p) + g_x(\rho_p - \rho)/\rho_p + F_x \tag{2.56}$$

式中，$F_D = \dfrac{18\mu}{\rho_p d_p^2} \dfrac{C_D Re}{24}$；$u$ 是连续相速度；u_p 是颗粒速度；μ 是流体黏性系数；ρ，ρ_p 分别是流体与颗粒的密度；d_p 是颗粒直径；Re 是相对雷诺数 $Re = \dfrac{\rho d_p |u_p - u|}{\mu}$。

阻力系数 $C_D = \alpha_1 + \dfrac{\alpha_2}{Re} + \dfrac{\alpha_3}{Re^2}$，$\alpha_1$，$\alpha_2$，$\alpha_3$ 为常数，根据光滑球颗粒实验结果给出。

如果颗粒尺寸为微米以下量级，则采用 Stokes 阻力公式：

$$F_D = \frac{18\mu}{d_p^2 \rho_p C_c} \tag{2.57}$$

式中，C_c 是 Cunningham 校正系数，$C_c = 1 + \dfrac{2\lambda}{d_p}(1.257 + 0.4\mathrm{e}^{\frac{-1.1d_p}{2\lambda}})$；$\lambda$ 是平均分子自由程。

式（2.56）中的 F_x 项包括：

（1）"有效质量"力，即颗粒加速周围流体所需要的力，为 $F_x = \dfrac{1}{2}\dfrac{\rho}{\rho_p}\dfrac{\mathrm{d}}{\mathrm{d}t}$ $(u - u_p)$，如果 $\rho > \rho_p$，则该力就比较重要；

（2）由于压力梯度引起的力，$F_x = \dfrac{\rho}{\rho_p}u_p\dfrac{\partial u}{\partial x}$；

（3）由于坐标系旋转产生的力。如果绕 z 轴旋转，则在笛卡尔坐标系下，作用在颗粒上的力在 x、y 方向上的分量分别为 $\left(1 - \dfrac{\rho}{\rho_p}\right)\Omega^2 x + 2\Omega\left(u_{y,p} - \dfrac{\rho}{\rho_p}u_y\right)$ 和 $\left(1 - \dfrac{\rho}{\rho_p}\right)\Omega^2 y + 2\Omega\left(u_{x,p} - \dfrac{\rho}{\rho_p}u_x\right)$。其中 $u_{x,p}$ 和 u_x 分别是颗粒和流体在 x 方向上的速度。

2.7.1.3 离散相模型中颗粒受力

A 热泳力（thermophoretic force）

悬浮在具有温度梯度的气体流场中的颗粒，受到一个与温度梯度相反的作用力，这种现象称为热泳。颗粒平衡方程（式（2.56））中的其他作用力 F_x 可包含这种热泳力，小颗粒悬浮在气体中，如果颗粒与周围有温度梯度，则颗粒在温度梯度反方向受到热泳力作用。Fluent 让用户根据自己计算问题的需要选择是否考虑该力的影响。

$$F_x = -D_{T,p}\frac{1}{m_p T}\frac{\partial T}{\partial x} \tag{2.58}$$

式中，$D_{T,p}$ 是热泳力系数，用户可以指定该系数为常数，或者用户自定义的形式。

B 布朗力（Brownian force）

对于小于微米尺寸的颗粒，可以考虑运动产生的力。对于亚观粒子（直径为 $1 \sim 10\mu m$），附加作用力可以包括布朗力。布朗力的分量可由高斯白噪声过程来模拟，为考虑布朗力的影响，必须要激活能量方程选项，只有选择了非湍流模型才能激活布朗力选项，即

$$S_{ij}^n = S_0\delta_{ij}$$

式中，δ_{ij} 是 Kronecker Delta 函数，并且 $S_0 = \dfrac{216\nu\sigma T}{\pi^2\rho d_p^5\left(\dfrac{\rho_p}{\rho}\right)^2 C_c}$。

式中，T 是流体的绝对温度；ν 是运动黏性系数；σ 是 Boltzmann 常数；Brownian 力的大小为 $F_{b_i} = \xi_i\sqrt{\dfrac{\pi S_0}{\Delta t}}$，式中 ξ_i 是平均值为零，方差为 1 的高斯随机数。

C Saffman 升力

在附加力中也可以考虑由于横向速度梯度（剪切层流动）引起的 Saffman 升力，表达式为：

$$F = \frac{2K\nu^{1/2}\rho d_{ij}}{\rho_p d_p (d_{lk}d_{kl})^{1/4}}(\boldsymbol{v} - \boldsymbol{v}_p) \tag{2.59}$$

式中，$K=2.594$；d_{ij} 为流体变形速率张量。

这个升力表达式仅对较小的颗粒雷诺数流动适用。并且，基于颗粒-流体速度差的颗粒雷诺数必须要小于基于剪切层（厚度）的颗粒雷诺数的平方根（$Re_p = \frac{\rho d_p |u - u_p|}{\mu} < \sqrt{Re_p} = \sqrt{\frac{\rho l |u - u_p|}{\mu}}$），由于这种条件仅对亚观颗粒才有效，所以建议只在处理亚观尺寸颗粒（1~10μm）的问题时考虑 Saffman 升力。

2.7.1.4 轨道方程的积分

颗粒轨迹方程以及描述颗粒质量或热量传递的附加方程都是在离散的时间步长上逐步进行积分运算求解的。对式(2.56)积分可得到颗粒轨道上每一个位置上的颗粒速度。颗粒轨道通过下式可以得到：

$$\frac{\mathrm{d}x}{\mathrm{d}t} = u_p \tag{2.60}$$

这个方程与式(2.56)相似，沿着每个坐标方向求解此方程就得到了离散相的轨迹。假设在每一个小的时间间隔内，包含体力在内的各项均保持为常量，则颗粒的轨道方程可以简写为：

$$\frac{\mathrm{d}u_p}{\mathrm{d}t} = \frac{1}{\tau_p}(u - u_p) \tag{2.61}$$

式中，τ_p 为颗粒松弛时间。

在一个给定的时刻，同时求解式(2.60)和式(2.61)可以确定颗粒的速度与位置。无论在哪种情况下，必须要注意积分时间步长必须足够小以使得颗粒轨道的积分计算更精确。

2.7.1.5 颗粒的湍流扩散

颗粒的湍流扩散既可以通过随机轨道模型，也可以通过代表一定颗粒尺寸组的颗粒群模型来加以模拟。另外，这些模型也可以同时用来模拟考虑了流体相速度脉动的多组"颗粒群"。如果选择了 Spalart-Allmaras 湍流模型，那么，轨道计算就不能包含颗粒的湍流扩散。

如果流动是湍流，一般通过流场的平均速度分量来计算颗粒轨道。Fluent 也提供了考虑流体脉动速度对颗粒轨道影响的选择，为了计算湍流对颗粒轨道的影响, Fluent 用随机方法决定脉动速度（随机运动模型）。

　　湍流脉动引起的颗粒的弥散可以用颗粒云团模型来模拟，颗粒轨道通过统计的方法计算。用颗粒浓度的概率密度函数表示颗粒弥散，其方差表示湍流脉动引起的弥散程度，通过求解系综平均方程得到颗粒云团平均轨道。

　　A　颗粒随机轨道模型（DRW 模型）

　　随机轨道模型（或涡团生存期模型）考虑了颗粒与流体的离散涡（连续不断的生成-消亡）之间的相互作用。对于随机轨道模型来说，则只需要确定积分时间尺度常数 C_L 和选择何种方式来计算涡团的生存时间。对于每个颗粒喷射源，用户可在 Set Injection Properties 面板里选择使用常量或随机生成方法来确定涡团的生存时间。

　　湍流颗粒弥散可以用单个随机颗粒轨道或颗粒云团轨道来模拟。单颗粒随机轨道在计算的时候，用流体的瞬时速度，通过对单颗粒的颗粒轨道方程积分得到。如果计算的颗粒足够多，则湍流对颗粒轨道的随机影响就得到了考虑。在 Fluent 中，采用 DRW（discrete random walk）模型。该模型中，脉动速度分量在涡旋寿命时间段内是常数。

　　在各向异性扩散影响很强的流场中，DRW 模型给出的结果与实际往往不符。因为在这样的流场中，小颗粒的分布应该比较均匀，而用 DRW 模型计算的结果是颗粒分布在湍流度小的流场区域。

　　为了预测颗粒的弥散必须用到一个时间尺度——T，它表示的是颗粒沿颗粒轨道 ds 做湍流运动的时间。

$$T = \int_0^\infty \frac{u_p'(t) u_p'(t+s)}{\overline{u_p'^2}} \mathrm{d}s \tag{2.62}$$

　　积分时间正比于颗粒弥散速率，时间越大，表示湍流性越强。颗粒的扩散能力用如下形式表示：$\overline{u_i' u_j'} T$。

　　对于小颗粒，如果颗粒与流体之间的滑移速度为零，则积分时间变成了流体 Lagrange 积分时间——T_L，该时间近似为 $T_L = C_L \dfrac{k}{\varepsilon}$。把颗粒的扩散率 $\overline{u_i' u_j'} T$ 与流体的标量扩散速率 v_t / σ 进行比较，则对于双方程模型（k-ε 模型），$T_L \approx 0.15 \dfrac{k}{\varepsilon}$；对于雷诺应力模型，$T_L \approx 0.30 \dfrac{k}{\varepsilon}$。

　　DRW 模型应用中，只需要输入时间尺度常数 C_L，并选择确定涡旋寿命的方法。

　　B　颗粒云团模型

　　颗粒云团模型运用统计方法来跟踪颗粒围绕某一平均轨道的湍流扩散，通过计算颗粒的系综平均运动方程得到颗粒的某个"平均轨道"。颗粒群以点源形式或以一个初始直径状态进入流动区域，当其穿过流动区域时，颗粒群由于湍流扩散作用而发生膨胀。颗粒在此颗粒群的位置由概率密度函数确定，而概率密度函数的期望值正处于颗粒群轨道的中心。由停留时间和位置2个参数确定的概率密度函数表示在颗粒群内存在颗粒的概率，这个概率乘以颗粒群代表的颗粒质量流率就得到了颗粒的平均数密度。

颗粒群模型所要求的输入参数只有两项，即最小与最大颗粒群半径。对于颗粒喷射源，颗粒群模型的选取在 Set Injection Properties 面板里进行，对于非稳态颗粒流动，不能应用颗粒群模型。

2.7.2　欧拉-欧拉方法

2.7.2.1　VOF 模型

VOF 模型是一种在固定的欧拉网格下的表面跟踪方法。当需要得到一种或多种互不相融流体间的交界面时，可以采用这种模型。在 VOF 模型中，不同的流体组分共用一组动量方程，在整个流场的每个计算单元内，计算出各流体组分所占有的体积分数。

A　体积分数方程

在 VOF 模型中，相与相之间互不相融（interpenetrating），模型中每增加一相就引进一个变量，即增加一个计算单元中相的体积分数。在每个计算单元内所有相的体积分数之和等于1。记第 q 相的体积分数为 a_q，则在单元中可能出现以下三种可能：

$a_q = 0$，第 q 相流体在单元中是空的。

$a_q = 1$，第 q 相流体在单元中是充满的。

$0 < a_q < 1$，单元中包含了第 q 相流体和其他流体的界面。

基于 a_q 的局部值、适当属性和变量在一定范围内分配给每一控制体积，相界面的确定是通过求解一相或多相的体积分数的连续方程来实现的。对于第 q 相，方程如下：

$$\frac{\partial a_q}{\partial t} + \boldsymbol{v} \cdot \nabla a_q = \frac{S_{a_q}}{\rho_q} \tag{2.63}$$

默认情况下，除了给定每一相指定常数或用户自定义的质量源外，源项为零。上式不是求解主相的，主相体积分数的计算基于如下约束：

$$\sum_{q=1}^{n} a_q = 1 \tag{2.64}$$

B　属性

传输方程的属性参数是通过相组分确定的，例如在两相系统中，如果第二相的体积分数是要追踪的，则计算单元的密度计算如下：

$$\rho = a_2\rho_2 + (1 - a_2)\rho_1 \tag{2.65}$$

对于 n 相系统，基于体积分数的平均密度采用如下形式：

$$\rho = \sum a_q\rho_q \tag{2.66}$$

其他属性参数（如黏度）均按上述方法确定。

C 动量方程

整个流体域中只求解一个动量方程，所有的相共享速度场，动量方程通过流体相属性 ρ、μ 和相体积分数相关。动量方程如下：

$$\frac{\partial}{\partial t}(\rho\boldsymbol{v}) + \nabla\cdot(\rho\boldsymbol{v}\boldsymbol{v}) = -\nabla p + \nabla\cdot\left[\mu(\nabla\boldsymbol{v} + \nabla\boldsymbol{v}^{\mathrm{T}})\right] + \rho\boldsymbol{g} + \boldsymbol{F} \tag{2.67}$$

采用共享速度场的方法近似的缺点是，如果各相存在较大的速度差，相界面计算的速度精确性会受到影响。

D 能量方程

VOF 模型能量方程也是各相共享的，如下式：

$$\frac{\partial}{\partial t}(\rho E) + \nabla\cdot\left[\boldsymbol{v}(\rho E + p)\right] = \nabla\cdot(k_{\mathrm{eff}}\nabla T) + S_{\mathrm{h}} \tag{2.68}$$

VOF 模型把能量 E 和温度 T 处理为质量平均量，如下式：

$$E = \frac{\sum\limits_{q=1}^{n} a_q\rho_q E_q}{\sum\limits_{q=1}^{n} a_q\rho_q} \tag{2.69}$$

式中，E_q 可通过各相的比热和共享的温度值计算得到；密度 ρ 和有效热导率 k_{eff} 是各相共享的；源项 S_{h} 包含辐射和其他体积热源项。

2.7.2.2 混合物模型

混合物模型就如 VOF 模型一样，采用单流体方法，但在两个方面和 VOF 模型不同：一是混合物模型允许相组分相互渗透，对于相 q 和相 p 的两相系统，体积分数 a_q 和 a_p 可以等于 $0 \sim 1$ 之间的任何值；二是混合物模型采用滑移速度的方法，允许各相具有不同的运动速度。

混合物模型求解混合物的连续性方程、动量方程、能量方程和第二相的体积分数方程，方程中的密度和速度的确定如下：

$$\rho_{\mathrm{m}} = \sum_{k=1}^{n} a_k\rho_k \tag{2.70}$$

式中，a_k 是第 k 相的体积分数。

$$\boldsymbol{v}_{\mathrm{m}} = \frac{\sum_{k=1}^{n} a_k \rho_k \boldsymbol{v}_k}{\rho_{\mathrm{m}}} \tag{2.71}$$

式中，$\boldsymbol{v}_{\mathrm{m}}$ 是质量平均速度。

（1）混合物连续性方程。

混合物的连续方程如下：

$$\frac{\partial}{\partial t}(\rho_{\mathrm{m}}) + \nabla \cdot (\rho_{\mathrm{m}} \boldsymbol{v}_{\mathrm{m}}) = \dot{m} \tag{2.72}$$

式中，$\dot{m}$ 代表气蚀现象发生的质量传输项或源项。

（2）混合物动量方程。

混合物的动量方程通过求解各相的动量方程确定，如下：

$$\frac{\partial}{\partial t}(\rho_{\mathrm{m}} \boldsymbol{v}_{\mathrm{m}}) + \nabla \cdot (\rho_{\mathrm{m}} \boldsymbol{v}_{\mathrm{m}} \boldsymbol{v}_{\mathrm{m}}) = -\nabla p + \nabla \cdot \left[\mu_{\mathrm{m}} (\nabla \boldsymbol{v}_{\mathrm{m}} + \nabla \boldsymbol{v}_{\mathrm{m}}^{\mathrm{T}}) \right] + \rho_{\mathrm{m}} \boldsymbol{g} +$$

$$\boldsymbol{F} + \nabla \cdot \left(\sum_{k=1}^{n} a_k \rho_k \boldsymbol{v}_{\mathrm{dr},k} \boldsymbol{v}_{\mathrm{dr},k} \right) \tag{2.73}$$

式中，n 为相的数量；$\boldsymbol{F}$ 为体积力；μ_{m} 为混合物的黏度

$$\mu_{\mathrm{m}} = \sum_{k=1}^{n} a_k \mu_k \tag{2.74}$$

式中，$\boldsymbol{v}_{\mathrm{dr},k}$ 为第二相 k 的偏移速度，$\boldsymbol{v}_{\mathrm{dr},k} = \boldsymbol{v}_k - \boldsymbol{v}_{\mathrm{m}}$。

（3）混合物能量方程。

混合物的能量方程如下：

$$\frac{\partial}{\partial t} \sum_{k=1}^{n} (a_k \rho_k E_k) + \nabla \cdot \sum_{k=1}^{n} \left[a_k \boldsymbol{v}_k (\rho_k E_k + p) \right] = \nabla \cdot (\kappa_{\mathrm{eff}} \nabla T) + S_{\mathrm{E}} \tag{2.75}$$

式中，κ_{eff} 为有效热导率（$k+k_{\mathrm{t}}$），k_{t} 为湍流热导率；S_{E} 为热源项。

$$E_k = h_k - \frac{p}{\rho_k} + \frac{v_k^2}{2} \tag{2.76}$$

如果相是不可压缩的，则 $E_k = h_k$，h_k 为第 k 相的显热焓。

（4）第二相体积分数方程。

从第二相 p 组分的连续性方程，可得第二相 p 组分的体积分数方程，如下：

$$\frac{\partial}{\partial t}(a_p \rho_p) + \nabla \cdot (a_p \rho_p \boldsymbol{v}_{\mathrm{m}}) = -\nabla \cdot (a_p \rho_p \boldsymbol{v}_{\mathrm{dr},p}) \tag{2.77}$$

2.7.2.3 欧拉（Euler）模型

欧拉模型是 Fluent 中最复杂的多相流模型，它需要求解每一相的动量方程和连续方程。压力项和相间交换系数是耦合在一起的，在这种情况下耦合的处理和

相的类型有关，颗粒流（流-固）的处理与非颗粒流（流-流）是不同的。对于颗粒流，通过动力学理论获得颗粒的属性，相间的动量交换也和混合物的类型有关。

A　守恒方程的通用形式

a　连续性方程

第 q 相连续性方程为：

$$\frac{\partial}{\partial t}(a_q\rho_q) + \nabla\cdot(a_q\rho_q\boldsymbol{v}_q) = \sum_{p=1}^{n}\dot{m}_{pq} \tag{2.78}$$

式中，$\boldsymbol{v}_q$ 为第 q 相的速度；$\dot{m}_{pq}$ 为从 p 相对 q 相的质量输运，由质量守恒可得 $\dot{m}_{pq} = -\dot{m}_{qp}$，$\dot{m}_{pq}$ 默认为零，用户也可以自定义为质量不为零的源项。

b　动量方程

第 q 相的动量方程为：

$$\frac{\partial}{\partial t}(a_q\rho_q\boldsymbol{v}_q) + \nabla\cdot(a_q\rho_q\boldsymbol{v}_q\boldsymbol{v}_q)$$

$$= -a_q\nabla p + \nabla\cdot\overline{\overline{T}}_q + a_q\rho_q\boldsymbol{g} + \sum_{p=1}^{n}(\boldsymbol{R}_{pq} + \dot{m}_{pq}\boldsymbol{v}_{pq}) + a_q\rho_q(\boldsymbol{F}_q + \boldsymbol{F}_{\text{lift},q} + \boldsymbol{F}_{\text{vm},q})$$

$$\tag{2.79}$$

式中，$\overline{\overline{T}}_q$ 为第 q 相的应力-应变张量，$\overline{\overline{T}}_q = a_q\mu_q(\nabla\boldsymbol{v}_q + \nabla\boldsymbol{v}_q^{\mathrm{T}}) + a_q(\lambda_q - \frac{2}{3}\mu_q)\nabla\cdot\boldsymbol{v}_q\overline{\overline{I}}$；$\mu_q$ 和 λ_q 分别为相 q 的剪切黏度和体积黏度；$\boldsymbol{R}_{pq}$ 为相间作用力；$\boldsymbol{F}_q$ 为外部体积力；$\boldsymbol{F}_{\text{lift},q}$ 为升力；$\boldsymbol{F}_{\text{vm},q}$ 为虚拟质量力；$\boldsymbol{v}_{pq}$ 为相间速度，如果 $\dot{m}_{pq} > 0$（也就是 p 相的质量输运到 q 相），$\boldsymbol{v}_{pq} = \boldsymbol{v}_p$；如果 $\dot{m}_{pq} < 0$（也就是 q 相的质量输运到 p 相），$\boldsymbol{v}_{pq} = \boldsymbol{v}_q$，并且 $\boldsymbol{v}_{pq} = \boldsymbol{v}_{qp}$。

动量方程通过近似的相间力 $\boldsymbol{R}_{pq}$ 关联式封闭，这个力受摩擦力、压力、黏附力和其他力影响，并受 $\boldsymbol{R}_{pq} = -\boldsymbol{R}_{qp}$ 和 $\boldsymbol{R}_{qq} = 0$ 的条件的制约。

$$\sum_{p=1}^{n}\boldsymbol{R}_{pq} = \sum_{p=1}^{n}K_{pq}(\boldsymbol{v}_p - \boldsymbol{v}_q) \tag{2.80}$$

式中，K_{pq}（$=K_{qp}$）是相间动量交换系数。

多相流中，Fluent 可以处理第二相颗粒（液滴或气泡）升力的影响，由于主相流场的速度梯度导致颗粒的升力作用，升力对大颗粒的影响是更重要的。Fluent 多相流模型是假使颗粒的粒径大于颗粒间的空隙的。因此，对于非常密实的填充床颗粒或非常小的颗粒，多相流模型包含升力的作用是不合适的。

第二相 p 在主相 q 中升力的作用可以通过下式计算：

$$\boldsymbol{F}_{\text{lift}} = -0.5\rho_q a_p(\boldsymbol{v}_q - \boldsymbol{v}_p) \times (\nabla\times\boldsymbol{v}_q) \tag{2.81}$$

升力添加到动量方程的右手侧，对于两相流而言，$\boldsymbol{F}_{\text{lift},q} = -\boldsymbol{F}_{\text{lift},p}$。大多数情况下，升力的影响不如曳力，升力默认情况下是没有被包含进模型的。

对于多相流，当第二项 p 相对于主相 q 呈现加速时，Fluent 要包含虚拟质量力的影响。加速的颗粒（液滴或气泡）受阻于主相质量的惯性，从而对颗粒产生了虚拟质量力的影响，虚拟质量力计算式如下：

$$\boldsymbol{F}_{\text{vm}} = 0.5 a_p \rho_p \left(\frac{\text{d}_q \boldsymbol{v}_q}{\text{d}t} - \frac{\text{d}_p \boldsymbol{v}_p}{\text{d}t} \right) \tag{2.82}$$

式中，$\dfrac{\text{d}_q}{\text{d}t}$ 项是物质导数项，即 $\dfrac{\text{d}_q(\phi)}{\text{d}t} = \dfrac{\partial \phi}{\partial t} + (\boldsymbol{v}_q \cdot \nabla) \phi$。

将虚拟质量力添加到动量方程的右手侧，对于两相流，有 $\boldsymbol{F}_{\text{vm},q} = -\boldsymbol{F}_{\text{vm},p}$。当第二相的密度远较主相的密度小时，虚拟质量力的影响较为重要，默认情况下，虚拟质量力没有包含进模型。

c 能量方程

$$\frac{\partial}{\partial t}(a_q \rho_q h_q) + \nabla \cdot (a_q \rho_q \boldsymbol{u}_q h_q) = -a_q \frac{\partial p_q}{\partial t} + \overline{\overline{T}}_q : \nabla \cdot \boldsymbol{q}_q + S_q + \sum_{p=1}^{n} (\boldsymbol{Q}_{pq} + \dot{m}_{pq} h_{pq}) \tag{2.83}$$

式中，h_q 为第 q 相的比焓；$\boldsymbol{q}_q$ 为热通量；S_q 为热源项；$\boldsymbol{Q}_{pq}$ 为第 p 相和第 q 相间的热交换量；h_{pq} 为相间焓值。

相间的热交换量一定要遵从局部平衡条件，即 $\boldsymbol{Q}_{pq} = -\boldsymbol{Q}_{qp}$，$\boldsymbol{Q}_{qq} = 0$。

B 流-流或颗粒多相流守恒方程

（1）连续性方程。第一相的体积分数由下面的连续性方程计算：

$$\frac{\partial a_q}{\partial t} + \nabla \cdot (a_q \boldsymbol{v}_q) = \frac{1}{\rho_q} \left(\sum_{p=1}^{n} m_{pq} - \dot{a}_q \frac{\text{d}_p \rho_q}{\text{d}t} \right) \tag{2.84}$$

连续性方程对于每一个第二相的求解及主相体积分数的计算，均遵从体积分数等于 1 的条件。

（2）流-流动量方程。流体相 q 的动量方程如下式：

$$\frac{\partial}{\partial t}(a_q \rho_q \boldsymbol{v}_q) + \nabla \cdot (a_q \rho_q \boldsymbol{v}_q \boldsymbol{v}_q) = -a_q \nabla p + \nabla \cdot \overline{\overline{T}}_q + a_q \rho_q \boldsymbol{g} +$$

$$a_q \rho_q (\boldsymbol{F}_q + \boldsymbol{F}_{\text{lift},q} + \boldsymbol{F}_{\text{vm},q}) + \sum_{p=1}^{n} [K_{pq}(\boldsymbol{v}_p - \boldsymbol{v}_q) + \dot{m}_{pq} \boldsymbol{v}_{pq}] \tag{2.85}$$

（3）流-固动量方程。考虑到颗粒相的非弹性，颗粒之间相互碰撞引起的颗粒随机运动和气体分子热运动导致了固相应力的产生；对于气相，颗粒速度脉动强度决定了应力、黏度和固相的压力大小；和颗粒速度脉动有关的动能表示为准热能或颗粒温度的形式，其与随机运动的颗粒速度的平方成比例关系，故流体相的动量方程符合流-流动量方程形式，对于固相 s，动量方程为：

$$\frac{\partial}{\partial t}(a_s \rho_s \boldsymbol{v}_s) + \nabla \cdot (a_s \rho_s \boldsymbol{v}_s \boldsymbol{v}_s)$$

$$= -a_s \nabla p - \nabla p_s + \nabla \cdot \overline{\overline{T}}_s + a_s \rho_s \boldsymbol{g} + a_s \rho_s (\boldsymbol{F}_s + \boldsymbol{F}_{\text{lift},s} + \boldsymbol{F}_{\text{vm},s}) + \qquad (2.86)$$

$$\sum_{l=1}^{N} \left[K_{ls}(\boldsymbol{v}_l - \boldsymbol{v}_s) + \dot{m}_{ls} \boldsymbol{v}_{ls} \right]$$

式中，p_s 是 s 相颗粒压力，$K_{ls} = K_{sl}$ 是流体相或固相 l 和固相 s 之间的动量交换系数，N 是总的相数。

（4）能量方程。能量方程仍为式（2.83）的能量方程形式。

参 考 文 献

[1] Erhard P, Etling D, Müller U, et al. Prandtl-Essentials of Fluid Mechanics [M]. Springer, 2010.

[2] 高学平. 高等流体力学 [M]. 天津：天津大学出版社，2005.

[3] 周俊杰，徐国权，张华俊. FLUENT 工程技术与实例分析 [M]. 北京：中国水利水电出版社，2010.

[4] 龙天渝，蔡增基. 流体力学 [M]. 3 版. 北京：中国建筑工业出版社，2019.

[5] FLUENT 14 User's Guide, Fluent Inc.

[6] David C W. Turbulence Modeling for CFD [M]. DCW Industries, Inc, 1994.

[7] 江帆，黄鹏. FLUENT 高级应用与实例分析 [M]. 北京：清华大学出版社，2008.

[8] Blazek J. Computational Fluid Dynamics：Principles and Applications [M]. Elsevier Science Ltd, 2001.

[9] 王瑞金，张凯，王刚. FLUENT 技术基础与应用实例 [M]. 北京：清华大学出版社，2007.

3 钢铁工业烟气处理工艺及设备

钢铁行业是我国国民经济支柱产业，钢铁产品是国家基础设施建设、过程装备制造、电气、机械等的原材料，也是国家实现工业化和现代化的基础。但钢铁行业也是高能耗、高污染的产业，是能源、资源消耗和污染物排放的大户。我国是世界最大的钢铁生产国，2020年粗钢产量10.5亿吨，占世界粗钢总产量的56.5%[1]，因此，钢铁行业产生了大量的污染物。钢铁生产工艺流程复杂，包括烧结（球团）、焦化、炼铁、炼钢、轧制等，各生产工序分散且均产生污染物，和火电污染物的集中排放相比，钢铁生产污染源分散，既存在有组织排放，又分布数量众多的无组织排放源，污染治理难度大。

随着国家环保法规的日益严格，各钢铁企业通过合并重组淘汰落后产能，实施一系列的节能减排改造项目，对污染物排放现状有了很大的改观，但排放总量仍较大。随着火电行业超低排放法规的实施，2017年钢铁行业主要污染物排放量已超过火电行业，成为工业生产污染物最大的排放源[2]。"十三五"时期以来中央和地方出台了一系列降低污染物排放的措施、限制，推动了钢铁企业生产超低排放技改实施。2019年4月生态环境部等5部委联合印发《关于推进实施钢铁行业超低排放的意见》，提出到2020年底前，重点区域钢铁企业超低排放改造取得明显进展，力争60%左右产能完成改造；到2025年底前，重点区域基本完成，力争80%以上的产能完成改造。超低排放是钢铁行业打赢污染防治攻坚战的关键，钢铁行业超低排放的实施将会显著改善空气质量。

3.1 钢铁工业生产特点

3.1.1 钢铁工业生产流程

我国钢铁工业生产主要采用以铁矿石、煤炭等天然资源为源头的高炉-转炉长流程工艺[3]，如图3.1所示。该工艺以铁矿石等含铁物质为起点，以钢铁产品为终点，包括采矿、选矿、烧结、高炉、转炉、连铸、轧钢、深加工等工序，还包括诸多辅助生产工序，如炼焦、铁合金等。

3.1.2 钢铁工业污染物排放源

钢铁企业流程长、工序多，废气来源呈现多样化的特点，每一个污染源的污

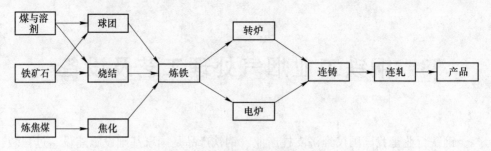

图 3.1　钢铁生产长流程工艺

染物种类、源强、排放方式、排放时间方面均存在很大不同。废气排放主要特点为烟尘颗粒细、废气温度高、治理难度大、烟气阵发性强、无组织排放多[3,4]。钢铁企业生产过程中的主要污染物源及污染物种类见表 3.1。

表 3.1　钢铁生产过程污染源及产生的污染物

生产工序	污　染　源	主要污染物
原料储运	原料装卸、堆取、破碎、筛分、配料、混合、皮带运输等	粉（煤）尘
烧结（球团）	破碎、筛分、冷却、储存、转运	烟（粉）尘、NO_x、SO_2、CO、二噁英等
焦化	原料的破碎、筛分、配料、储存、运输过程，炼焦过程，出焦过程，干熄焦过程等	烟（粉）尘、NO_x、SO_2、CO、H_2S、HCN、NH_3、苯并[a]芘等
炼铁	胶带输运、振动筛、上料、煤粉制备、出铁过程、炉顶放散	烟（粉）尘、NO_x、SO_2、H_2S、CO、二噁英等
炼钢	出铁、出钢、吹炼、扒渣	烟（粉）尘、NO_x、SO_2、HF、CO、二噁英等
连铸	中间罐、结晶器、切割过程	粉尘
轧钢	加热炉、酸洗、电镀、热镀锌、拉丝等	烟（粉）尘、NO_x、SO_2、酸雾、碱雾等

3.1.3　钢铁工业烟气排放特点

钢铁工业生产流程长、工序较多且生产原材料和辅料使用较多，也生产出较多的副产品，钢铁生产污染源分布较广、烟气阵发性强、烟气量大、无组织排放多，从原材料到钢铁产品出厂的各个环节均存在散发染污物的可能。

（1）钢铁生产过程烟气排放量大、烟气成分复杂，排放的烟气污染物包括烟（粉）尘、NO_x、SO_2、H_2S、CO、HF、NH_3、二噁英、苯并[a]芘、酸雾、碱雾等，无组织排放源较多，治理难度大。

（2）排放的烟气中粉尘浓度高、排放量大，尤其是炼铁和炼钢工序，存在阵发性烟尘，如高炉出铁水过程、转炉炼钢时兑铁水过程和氧气吹炼阶段都会产生大量的烟尘且存在外逸现象，炼铁和炼钢过程产生的烟尘量约占整个生产过程的50%，转炉炼钢吹炼阶段产生的烟尘浓度（标态）高达$50g/m^3$。

（3）钢铁生产工序多、流程长并有较多的辅助工序，其中原料的输运、处理等过程无组织排放较多，并存在粉尘外逸现象，治理难度大。

（4）排放的烟尘含有多种气态污染物和粉尘，粉尘主要以含铁粉尘和原料粉尘为主；气态污染物存在有毒有害气体，尤其以焦化厂烟尘最为复杂，处理难度大。

钢铁生产工序较多，烟气治理手段多样，本节仅对原料、烧结、炼焦、炼铁及炼钢过程烟尘排放特点及常用治理方法进行介绍。

3.2　原料场粉尘减排

钢铁生产需要的原材料种类多、数量巨大，因此，钢铁企业料场众多，承担着各类钢铁生产原材料的输入、储存、加工、转运等生产作业任务。物料一般存放在露天堆料场里，由于受气候影响，特别是风速与风向的影响，导致原料产生的粉尘飞扬。

原料场具有如下特点：

（1）存储量大，很难用建筑物将其封闭，大多露天堆放；

（2）物料粒度分布比较宽，扬尘面广，扬起的粉尘难于捕集；

（3）堆取料作业频繁，新的作业面不断形成；

（4）易产生粉尘，危害面积广，造成大量物料损失。

目前，原料场粉尘减排技术措施主要包含洒水抑尘、防风网抑尘、汽车冲洗抑尘和粉尘捕集等。

（1）洒水抑尘。借助洒水装置产生水雾对原料堆、场区道路或原料作业过程进行喷洒，利用水雾封锁尘源，润湿含尘空气，使细颗粒物与液滴结合沉降。洒水抑尘成本低、操作简单，是最为广泛使用的一种抑尘方法。

洒水抑尘时，可添加具有成膜作用的高分子溶剂或表面活性剂，使料场洒水后表面结成一层壳膜，将物料与外界环境隔离，以防御外界天气的变化，有效减少扬尘。

（2）防风网抑尘[5]。在料场四周或主要迎风侧架设一定高度的网墙，网体一般由尼龙、聚乙烯等材料制成，孔隙率一般在20%~60%。防尘网能有效降低来流风速，减少风的动能，降低料场的扬尘量。

（3）汽车冲洗防尘。为防止汽车驶出料场后黏结在车轮上的物料污染周围环境，在汽车出入口处设置洗车冲洗场对驶出料场的汽车进行冲洗。

（4）粉尘捕集。对物料的破碎、筛分和皮带机转运点，可设置密闭罩和抽风除尘系统。除尘系统可采用分散式或集中式，分散式除尘系统的除尘设备可采用冲激式除尘器、泡沫除尘器或脉冲袋式除尘器等。集中式除尘系统可集中控制几十个甚至近百个吸尘点，并配置大型高效除尘设备，如电除尘器等，除尘效率高。

3.3　烧结烟气治理技术

3.3.1　烧结生产工艺

所谓烧结，是将各种粉状含铁原料（富矿粉、精矿、高炉灰等），配入一定数量的燃料（焦炭粉、无烟煤）和溶剂（石灰石、白云石等），均匀混合制粒后布料到烧结设备上点火烧结。在燃料燃烧产生的高温和一系列物理化学反应的作用下，混合料中部分易熔物质发生软化、熔化，产生一定数量的液相，液相物质润湿其他未熔化矿石颗粒，随着温度的降低，液相物质将矿粉颗粒黏结成块，这个过程称为烧结，所得的块矿叫作烧结矿[6]。

3.3.2　污染物来源

烧结生产过程产生的污染物主要来自原料准备、烧结过程和烧结矿处理过程，具体包括以下几方面：烧结原料在装卸、破碎、筛分和储运的过程中产生的含尘废气，混合料系统中产生的水汽-颗粒物共生气；烧结过程中产生的含有颗粒物、二氧化硫和氮氧化物的高温废气；烧结矿在破碎、筛分、冷却、储存和转运的过程中产生的含尘废气等，其中烧结烟气是高温烧结过程中所产生的废气，是烧结厂废气的主要排放源。

3.3.3　烧结烟气污染特点

（1）烧结烟气废气量大。烧结生产时烧结台车的烧结料面与外界环境直接接触，属于开放式环境，在抽风机作用下，过量的空气穿过料层进入风箱，进入废气集气系统经除尘后排放。烧结矿在破碎、筛分处理过程会产生大量的粉尘，烟气粉尘量大、含尘浓度高。

（2）含有酸性气体。烧结原材料铁矿粉、煤及溶剂等都含有硫，在烧结过程中大部分的硫转化为 SO_2，钢铁生产过程排放的 SO_2 主要是在烧结过程中产生的。烧结过程也产生 NO_x、HF 等酸性气态污染物。

（3）烧结烟气温度波动大。烟气温度随工艺操作状况而变化，烟气温度一般为 100~200℃。

（4）烟气含湿量高。为了提高烧结混合料的透气性，混合料在烧结前需添加适量的水制成小球，所以烧结烟气的含湿量较大，烧结烟气中水含量一般在10%左右。

（5）粉尘具有磨损性。烧结矿粉尘磨损性很强，对烟气除尘系统管道的弯头等局部构件要进行耐磨蚀处理。

（6）烧结过程二噁英排放量大[7]。

3.3.4 烧结烟气除尘技术

烧结工艺粉尘主要来源于铁矿石原料的烧结过程，烧结机头、机尾产生的大量烟尘及烧结矿在破碎、筛分和输运过程产生的粉尘。

烧结机废气的除尘，可在大烟道外设置水封式拉链机，将大烟道的各个排灰管、除尘器排灰管和小格排灰管等均插入水封拉链机槽中，使灰分在水封中沉淀后，由拉链带出[8]。

铁矿石烧结生产过程中，经主抽烟机排出的烟气中含有粉尘，虽增设铺底料后含尘量有所减少，但含尘浓度（标态）仍在 $0.5 \sim 1.0 \mathrm{g/m^3}$，为了使烟气达标排放、回收有价值的粉尘原料及保护主抽烟机，烧结烟气需要进行除尘净化处理。

烧结机头主要涉及烟道运灰皮带机和铺底料系统的皮带转运受料等处的扬尘，为防止粉尘外逸一般采用大容积密闭罩将烧结机头封闭，密闭罩上设抽风口，将含尘空气集中到烧结机头除尘器净化处理，或集中到机尾除尘系统。对于破碎、筛分和胶带输运时产生的粉尘，最有效的捕集方法是设置密闭罩。烧结机尾除尘系统包括烧结机尾和破碎、筛分、运输设备等，所产生的粉尘一般集中到机尾除尘系统进行净化处理。由于机尾的烧结矿温度高，气体受热后上浮，热压高，一般采用大容积密闭罩，并将抽风口设置在密闭罩的最高点。

3.3.5 常用高效除尘装置

烧结烟气多采用干法除尘，有利于粉尘的回收再利用，目前多采用静电除尘器和袋式除尘器，为了减轻粉尘负荷，一般除尘系统会增设旋风除尘器或惯性除尘器预净化处理。随着钢铁行业超低排放标准的实施，主要采用细颗粒物除尘效率更高的静电除尘器和袋式除尘器[9,10]。

3.3.5.1 电除尘器

电除尘器是利用静电场产生的电场力使尘粒从气流中分离的设备，电除尘器是一种干法高效除尘器，它的优点是：

（1）适用于微粒控制，单电场除尘效率可达到80%~85%。一般采用3~4电场的电除尘器，除尘效率可以达到99.5%以上。

（2）在除尘器内，尘粒从气流中分离的能量不是供给气流，而是直接供给尘粒。因此，和其他高效除尘器相比，电除尘器的阻力比较低，仅为100~200Pa。

（3）可以处理高温（在350℃以下）的气体。

电除尘器的主要缺点是对颗粒物的比电阻有一定要求，目前电除尘器主要应用于火力发电、冶金、建材等工业部门的烟气除尘和物料回收。

A　电除尘器结构

为了提高除尘效率和增大烟气流量，一般采用若干电场串并联的方式，烟气量大时采用卧式电除尘器，如图3.2所示。电除尘器中气流分布的均匀性对除尘效率有较大影响，除尘效率与气流速度成反比，当气流速度分布不均匀时，流速低处增加的除尘效率远不足以弥补流速高处效率的下降，因而总的效率是下降的。为保证气流分布均匀，在进出口处应设变径管道，进口变径管内应设气流分布板，气流分布的均匀程度与除尘器进出口的管道形式及气流分布装置的结构有密切关系。在电除尘器的安装位置不受限制时，气流经渐扩管进入除尘器，然后再经1~2块平行的气流分布板进入除尘器电场。在这种情况下，气流分布的均匀程度取决于扩散角和分布板结构。最常见的气流分布板有百叶窗式、多孔板、格栅式、槽形钢式和栏杆型分布板。

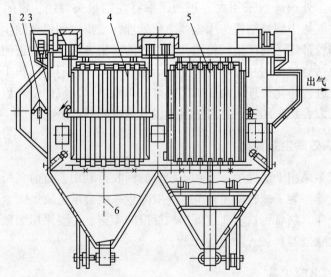

图3.2　卧式电除尘器

1—气体分布板；2—分布板振打装置；3—气孔分布板；4—电晕极；5—除尘极；6—阻力板

B　影响电除尘器性能的因素

除了含尘气体处理量、除尘效率和阻力外，驱进速度是电除尘装置特有的性能指标，影响除尘性能的主要因素有粉尘特性与浓度、气体特性、火花放电频率、结构因素和操作因素等。

C　电除尘器性能的强化

随着环保法规的日益严格，原有的电除尘器的细颗粒物排放（PM2.5）不能满足排放标准，为了使烟气既能达标排放又能充分利用现有电除尘设备，减少投资成本，利用袋式除尘器细颗粒物捕集效率高的优势，将袋式除尘器和电除尘器相结合，从而演化成电袋复合式除尘器。

a　电袋复合

电袋复合式除尘器是一种将电除尘机理与袋式除尘过滤机理结合的除尘设备。当烟气通过电场时，烟气中 80%~90% 的颗粒物被电场收集，剩下 10%~20% 的颗粒物随烟气进入滤袋。这样，袋式除尘器的清灰周期显著加长，可以降低滤袋机械损伤。颗粒物在电场中荷电后除去粗尘，剩下的细尘在电场中被极化后进入滤袋。电袋复合除尘器充分利用了电除尘器电场捕集颗粒物绝对量大和荷电颗粒物的过滤除尘机制优势，使得袋式除尘器的滤袋颗粒物负荷大大降低、阻力减少、清灰频次显著下降，从而使袋式除尘效率高、颗粒物特性适应性强的特点得到进一步发挥，最终使系统性能达到优化。

目前常用的电袋复合形式有以下两种：

（1）电袋分离串联式。该类电袋除尘器，在前区设置电场，后区设置滤袋（图 3.3），采用静电除尘除去烟气中的粗颗粒烟尘，起到预除尘作用，减少袋式除尘清灰频率；袋式除尘器除去剩余颗粒物，起到除尘达标作用，它主要用于现有未达标排放的静电除尘器改造。

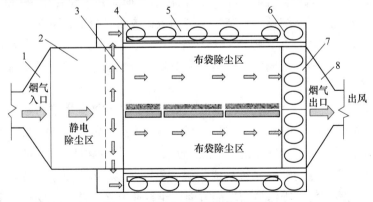

图 3.3　电袋分离串联式除尘装置

1—渐扩入口；2—第一静电场；3—电-袋隔板；4—提升阀；5—进气通道；
6—旁通阀；7—排气烟道；8—渐缩出口

(2) 电袋一体式。这种形式又称嵌入式电袋复合除尘器,即对每个除尘单元,在电除尘两集尘极板间嵌入滤袋,电除尘电极与滤袋交错排列。含尘气体先经过电场,后进入滤袋进一步处理 (图 3.4)。

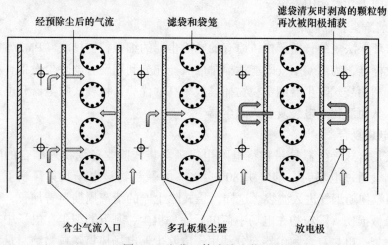

图 3.4 电袋一体式除尘装置

b 喷雾强化

电除尘器的颗粒物捕集效率较高,但不能满足超低排放的要求,在干式电除尘器的基础上,通过喷雾增湿,可显著地提高电除尘器的除尘效率。其增效机理为:(1) 喷雾的液滴在烟气中蒸发,使烟气湿度增加,粉尘表面增湿活化,粉尘比电阻得以改善,从而降低粉尘比电阻;(2) 降低烟气温度,从而使烟气量减少;(3) 增加烟气水蒸气含量,可改善电除尘器运行的伏安特性,提高运行电压;(4) 雾滴进入电除尘器后,与细颗粒物碰撞凝并,粒径增大;(5) 水雾荷电向极板运动过程与细颗粒物结合,带到极板成水膜流下,可避免二次扬尘效应,有利于颗粒物的捕集,但这种情况下为湿式除尘,需处理污水和污泥。因此,当烟温偏高、烟气量偏大、粉尘比电阻高、尘粒细小时,通过增湿均可取得良好的效果。

喷雾实施方法有两种:一是在电除尘器前方烟道或增湿塔进行喷雾,并要求98%以上的水雾在进入电除尘器之前的约 1.5s 内全部蒸发,使电除尘器在可靠的自动调控装置控制下能安全运行且能适应锅炉负荷变化[11]。二是在电除尘器内部设计带离心喷嘴的喷淋系统,成为湿式电除尘器。湿法电除尘在降低酸雾、微小粉尘、气溶胶粒子等污染物性能方面优于普通电除尘器,主要在于湿法电除尘中的喷雾在形成水膜的过程中,细小的液滴能够与这些污染物结合进而脱除[12,13]。但雾化湿式电除尘器仍在实验阶段,还未见工业应用。

3.3.5.2 袋式除尘器

袋式除尘器是一种干式高效除尘器，它利用纤维织物的过滤作用进行除尘。对 1.0μm 的粉尘，效率高达 98%~99%。滤袋通常做成圆柱形（直径为 125~500mm），有时也做成扁长方形，滤袋长度一般为 2~8m 左右。近年来，由于高温滤料和清灰技术的发展，袋式除尘器在冶金、水泥、化工、陶瓷、食品等不同的工业部门得到广泛应用。

A 袋式除尘器的除尘机理

袋式除尘器利用棉、毛、人造纤维等加工的滤料进行过滤。对于广泛使用的外滤式脉冲喷吹袋式除尘器，含尘气体进入除尘装置后，颗粒物被捕集在滤袋外表面，净化后的空气透过滤料进入滤袋内而排出（图 3.5）。滤料本身的网孔较大，一般为 20~50μm，表面起绒的滤料约为 5~10μm。因此，新滤袋的除尘效率是不高的，对 1μm 的尘粒除尘效率只有 40% 左右。含尘气体通过滤料时，随着它们深入滤料内部，使纤维间空间逐渐减小，最终形成附着在滤料表面的粉尘层（称为初层）。袋式除尘器的过滤作用主要是依靠这个粉尘初层及以后逐渐堆

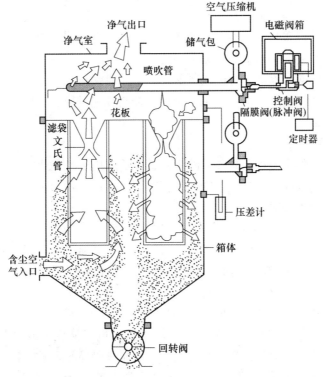

图 3.5 脉冲喷吹袋式除尘器

积起来的粉尘层进行。这时的滤料只是起着形成初层和支撑骨架作用。因此，即使网孔较大的滤布，只要设计合理，对 1μm 左右的尘粒也能得到较高的除尘效率。

随着粉尘在滤袋上的积聚，滤袋两侧的压差增大，粉尘层内部的空隙变小，空气通过滤料孔眼时的流速增高，这样会把黏附在缝隙间的尘粒带走，使除尘效率下降；另外阻力过大，会使滤袋易于损坏，通风系统风量下降。因此除尘器运行一段时间后要及时进行清灰，清灰时不能破坏初层，以免效率下降。

近年来，工业上广泛采用覆膜滤料来防止细颗粒物深入到滤料层内，其将纤维滤料作为基层，在滤料表面贴敷滤膜，滤膜主要采用 PTFE（聚四氟乙烯，polytetrafluoroethylene）材料制成，具有致密微孔，主要用于细颗粒物的净化处理。

含尘空气通过滤袋时，颗粒物被阻留在滤袋外表面，净化后的气体经花板从上部排出，每排滤袋上方设一根喷吹管，喷吹管上设有与滤袋相对应的喷嘴，喷吹管前端装设脉冲阀，通过程序控制机构控制脉冲阀的启闭，脉冲阀开启时，压缩空气从喷嘴高速喷出，带着比自身体积大 5~7 倍的诱导空气一起经文丘里管进入滤袋，滤袋急剧膨胀引起冲击振动使沉积在滤袋外的颗粒物脱落。

脉冲清灰方式清灰强度高，清灰效果好，清灰时间短，与大多数离线清灰除尘器相比，它可以采用在线清灰，清灰时除尘器还可以连续工作。压缩空气的喷吹压力是一个重要的运行参数，分为高压脉冲（0.5~0.6MPa）、低压脉冲(0.2~0.3MPa)，可根据尘源颗粒物特性选用。对于一般黏结性不强的颗粒物，可以采用低压脉冲清灰，清灰方式控制采用定压差控制或定时控制，滤料前后压差一般为 800~1200Pa。

B　袋式除尘器的应用

袋式除尘器作为一种干式高效除尘器，广泛应用于各工业部门，与静电除尘器相比，其可回收高比电阻颗粒物，不存在泥浆处理问题。

使用袋式除尘器时应注意以下问题：

（1）滤料必须在适宜温度范围内使用。注意在高温烟气除尘系统中，烟气温度是烟尘的最低温度，原因在于通常监测的是烟气温度，而烟尘温度又往往高于烟气温度，尤其是采用局部排风罩进行尘源控制的除尘系统或具有热回收装置的除尘系统。当使用温度超过滤料耐温范围时，通常采用的含尘烟气冷却方式为采用表面换热器（用水或空气间接冷却）或掺入系统外部的冷空气。

（2）处理高温含尘气体，为防止气体中腐蚀性气体成分或水蒸气结露，应对管道及除尘器加装保温，必要时对袋式除尘器采取局部区域加热。

（3）对于带有火花的烟气，或对于烟尘温度远大于气体温度的含尘烟气，必须加装火花捕集器或烟尘预分离器。

（4）对于处理含有油物、黏性颗粒物运行工况的含尘气体，需要加装袋式除尘器预附尘装置，如燃煤锅炉配用袋式除尘器时在点炉前需对滤袋预附尘。

（5）处理含尘浓度高的气体时，为避免袋式除尘器频繁清灰造成滤袋损坏，宜采用预除尘器进行前级净化。

3.3.5.3 滤筒除尘器

滤筒式除尘器结构和袋式除尘器类似，内部装配滤筒，有横装和竖装两种方式。清灰过程采用压缩空气脉冲清灰，该除尘器设有压差控制开关，当除尘器阻力达到设定值时，单片机控制相应的电磁阀，打开脉冲阀，压缩空气直接喷入滤筒中心，对滤筒进行顺序脉冲清灰，因颗粒物聚集在滤筒外表面，故清灰易于进行，如图 3.6 所示。滤筒式除尘器的过滤风速为 0.5~2m/min，标准过滤风速为 1.1m/min，用户可根据工况特点选定。除尘器的初阻力为 300~500Pa，运行阻力为 1000~1500Pa，用户可根据除尘系统特点自行设定，压缩空气的喷吹压力为 0.6MPa，每次脉冲喷吹消耗的压缩空气量约为 0.03m³/筒。

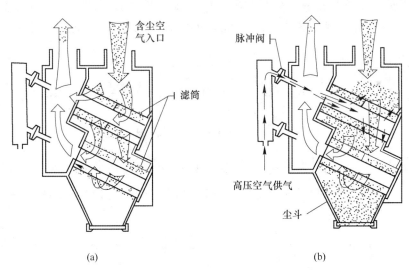

(a) (b)

图 3.6 滤筒式除尘器的运行

（a）正常运行；（b）喷吹清灰

滤筒式除尘器的特点为滤筒过滤面积较大，每个滤筒的折叠面积为 22m² 左右，除尘器的体积小；除尘效率高，一般在 99% 以上；滤筒易于更换，减轻工人劳动；适合处理粒径小、低浓度的含尘气体；在某些回风浓度较高的工业空调系统，宜采用滤筒作为新回风的过滤器。

由于滤筒式除尘器内部滤料折叠层较多，故当含尘气体中颗粒物浓度较高时，容易造成滤料折叠区堵塞，使有效过滤面积减少。当烟气中含有黏结性颗粒物时，要谨慎使用滤筒式除尘器。

3.3.6 烧结烟气脱硫技术

在烧结机烧结产生的烟气中，SO_2 的浓度是变化的，一般在 $500 \sim 1000mL/m^3$，高的可达到 $4000 \sim 7000mL/m^{3}$[7]。烧结机头部和尾部烟气 SO_2 浓度低，中部烟气 SO_2 浓度高，烧结烟气必须经大烟道除尘、脱硫，进行脱硝处理才能排放。

目前烧结烟气脱硫工艺应用较多的是湿法脱硫、半干法脱硫和干法脱硫，下面仅就国内钢铁企业广泛应用的脱硫工艺进行简单介绍。

3.3.6.1 石灰石-石膏法

石灰石-石膏法采用石灰石的浆液吸收烟气中的 SO_2，属于湿式洗涤法，该法的副产物是石膏（$CaSO_4 \cdot 2H_2O$）。该方法是用石灰石浆液吸收烟气中的 SO_2，首先生成亚硫酸钙，然后将亚硫酸钙氧化生成石膏。整个方法主要分为吸收和氧化两个步骤。该方法的实际反应机理很复杂，整个过程发生的主要反应如下。

（1）吸收：

$$CaCO_3 + SO_2 + \frac{1}{2}H_2O \longrightarrow CaSO_3 \cdot \frac{1}{2}H_2O + CO_2 \tag{3.1}$$

$$CaSO_3 \cdot \frac{1}{2}H_2O + SO_2 + \frac{1}{2}H_2O \longrightarrow Ca(HSO_3)_2 \tag{3.2}$$

由于烟气中含有氧，因此在吸收过程中会有氧化副反应发生。

（2）氧化。在氧化过程中，主要是将吸收过程中所生成的 $CaSO_3 \cdot \frac{1}{2}H_2O$ 氧化成为 $CaSO_4 \cdot 2H_2O$。

$$CaSO_3 \cdot \frac{1}{2}H_2O + O_2 + 3H_2O \longrightarrow 2CaSO_4 \cdot 2H_2O \tag{3.3}$$

由于在吸收过程中生成了部分 $Ca(HSO_3)_2$，故在氧化过程中，亚硫酸氢钙也被氧化，分解出少量的 SO_2。

$$Ca(HSO_3)_2 + \frac{1}{2}O_2 + H_2O \longrightarrow 2CaSO_4 \cdot 2H_2O + SO_2 \tag{3.4}$$

（3）石灰石-石膏法脱硫工艺。将配好的石灰浆液用泵送入吸收塔顶部，与从塔底送入烟气逆向流动。经洗涤净化后的烟气从塔顶排出。石灰浆液在吸收 SO_2 后，成为含亚硫酸钙和亚硫酸氢钙的混合液，将此混合液在母液槽中用硫酸调整 pH 值至 4 左右，用泵送入氧化塔，并向塔内送入压缩空气进行氧化。生成的石膏经稠厚器使其沉积，上清液返回吸收系统循环，石膏浆经离心机分离得成品石膏。氧化塔排出的尾气因含有微量 SO₂，可送回吸收塔内[7]，如图 3.7 所示。

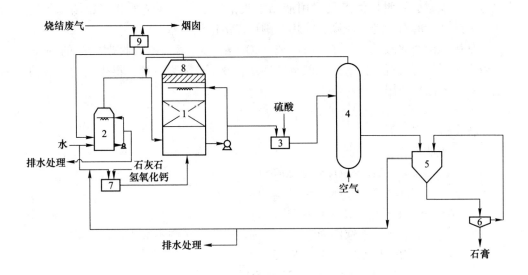

图 3.7 石灰石-石膏法脱硫工艺

1—吸收塔；2—预冷塔；3—pH 值调整槽；4—氧化塔；5—凝集沉降槽；6—离心分离机；
7—吸收剂调整槽；8—除雾器；9—气-气热交换器

（4）石灰石-石膏法脱硫工艺特点[14]。

1）优点：

①工艺成熟、脱硫系统阻力小、能耗低，系统能够稳定运行。

②脱硫效率较高。在钙硫比（Ca/S）小于 1.05 的时候，脱硫效率即可高达 90% 以上。

③吸收剂石灰、石灰石储量大，价格便宜，可节约运行成本。

④系统能够适应烟气负荷的变化，对于烟气流量、SO₂ 浓度、烟温等变化都能通过系统的自动调节而适应，同时保证脱硫效率。

2）缺点：

①脱硫系统水耗较大，有废水产生，且废水的处理难度较大。

②该工艺脱硫副产品为脱硫石膏，品质不及矿藏石膏，随着各湿式钙基脱硫装置的不断上马，石膏产量过剩，产品综合利用难度加大。

③由于脱硫原料及产物溶解度小，易造成设备结垢、堵塞和磨损等问题。

3.3.6.2 双碱法

双碱法采用可溶性的碱性溶液作为吸收剂吸收 SO_2，然后再用石灰乳或石灰对吸收液进行再生，由于在吸收和吸收液处理中，使用了不同类型的碱，故称为双碱法。双碱法的明显优点是采用液相吸收，从而不存在结垢和浆料堵塞等问题；另外副产的石膏纯度较高，应用范围可以更广泛一些。

常用的钠碱双碱法是以 Na_2CO_3 或 $NaOH$ 溶液为第一碱吸收烟气中的 SO_2，然后再用石灰石或石灰作为第二碱，处理吸收液，产品为石膏，再生后的吸收液送回吸收塔循环使用[15,16]。

A 方法原理

各步骤反应如下。

（1）吸收反应：

$$2NaOH + SO_2 = Na_2SO_3 + H_2O \tag{3.5}$$

$$Na_2CO_3 + SO_2 = Na_2SO_3 + CO_2 \tag{3.6}$$

$$Na_2SO_3 + SO_2 + H_2O = 2NaHSO_3 \tag{3.7}$$

该过程中由于使用钠碱作为吸收液，因此吸收系统中不会生成沉淀物。此过程的主要副反应为氧化反应，生成 Na_2SO_4。

$$2NaSO_3 + O_2 = 2Na_2SO_4 \tag{3.8}$$

（2）再生反应。用石灰料浆对吸收液进行再生。

$$CaO + H_2O = Ca(OH)_2 \tag{3.9}$$

$$2NaHSO_3 + Ca(OH)_2 = Na_2SO_3 + CaSO_3 \cdot \frac{1}{2}H_2O \downarrow + \frac{3}{2}H_2O \tag{3.10}$$

$$Na_2SO_3 + Ca(OH)_2 + \frac{1}{2}H_2O = 2NaOH + CaSO_3 \cdot \frac{1}{2}H_2O \downarrow \tag{3.11}$$

当用石灰石粉末进行再生时，则有

$$2NaHSO_3 + CaCO_3 = Na_2SO_3 + CaSO_3 \cdot \frac{1}{2}H_2O \downarrow + \frac{1}{2}H_2O + CO_2 \uparrow \tag{3.12}$$

再生后所得的 $NaOH$ 溶液送回吸收系统使用，所得半水亚硫酸钙经氧化，可制得石膏。

（3）氧化反应：

$$2CaSO_3 \cdot \frac{1}{2}H_2O + O_2 + \frac{3}{2}H_2O = 2CaSO_4 \cdot 2H_2O \tag{3.13}$$

B 双碱法脱硫工艺

双碱法脱硫工艺[3]如图 3.8 所示，烧结烟气经除尘器净化后，由引风机引入脱硫塔，烟气在塔内上升的过程中与下落的碱液逆向对流接触，烟气中的 SO_2 与碱性脱硫剂反应，完成烟气的脱硫吸收过程，经脱硫后的烟气通过塔内上部的除雾器排放。

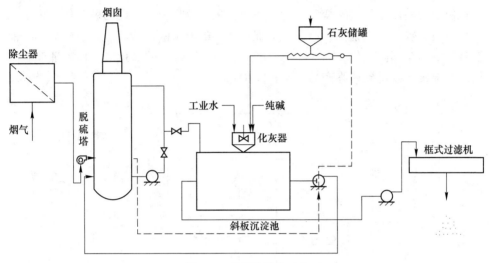

图 3.8 双碱法脱硫工艺

C 双碱法脱硫特点[15]

（1）吸收剂反应活性高、吸收速度快、液气比小、运行费用低；钠基脱硫剂碱性强，吸收二氧化硫后反应产物溶解度大，不会形成过饱和结晶，造成结垢堵塞问题。

（2）双碱法脱硫产物被排入混合池用 $Ca(OH)_2$ 再生，再生出来的钠基脱硫剂再被打回脱硫塔，可循环使用。

（3）碱液法适应性强，对烟气流量，SO_2 浓度、温度的变化适应能力极强，这是该技术的显著优点。

（4）碱液法烟气脱硫工艺流程简单、设备少，脱硫塔和供料系统可灵活分开布置，容易操作。

（5）脱硫副产物石膏便于利用，可作为砌块、建材等再利用。

3.3.6.3 氨-硫铵法

A 氨-硫铵法脱硫工艺

烧结烟气由吸收塔的底部进入，母液循环槽中的吸收液经由循环泵输送到吸收塔顶部，在气、液的逆向流动接触中，废气中的 SO_2 被吸收，净化后的尾气由塔顶排空，其工艺流程[7]如图 3.9 所示。吸收 SO_2 后的吸收液排至循环槽中，补充水和氨水以维持其浓度并在吸收过程中循环使用。氨-硫铵法是利用氨水、亚硫酸铵和亚硫酸氢铵不断循环的过程来吸收烟气中的 SO_2，形成 $(NH_4)_2SO_3$-NH_4HSO_3 的吸收液体系。但烟气中的氧含量足以将吸收液中的 $(NH_4)_2SO_3$ 全部氧化为 $(NH_4)_2SO_4$。吸收液氧化率的高低直接影响对 SO_2 的吸收率，洗涤液的氧化使亚硫酸盐变为硫酸盐，氧化愈完全，溶液吸收 SO_2 的能力就愈低。为了保证吸收液吸收 SO_2 的能力，吸收液应保持足够的亚硫酸盐浓度。亚硫酸盐不可能在吸收塔内全部被氧化，为此在吸收塔后必须设置专门的氧化塔，以保证亚硫酸铵的全部氧化以得到最终产品 $(NH_4)_2SO_4$。

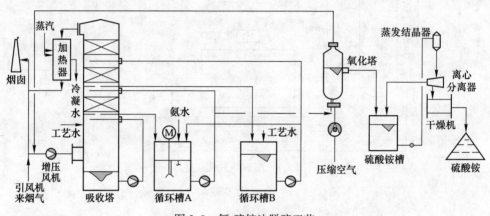

图 3.9 氨-硫铵法脱硫工艺

B 氨-硫铵法的特点[14]

(1) 主要优点：

1) 发生气-液或气-气反应，脱硫效率高达 95% 以上，同时具有一定的脱硝能力，脱硝效率可达 30% 以上。在环保压力逐渐加剧的现在，可有效完成污染物总量减排目标。

2) 采用氨水作为脱硫剂，氨的活性高，脱硫过程属于瞬间化学反应。

3) 脱硫副产物为硫酸铵，产品利用价值高，可作为农用化肥使用，不产生二次污染。

(2) 缺点：

1) 由于氨水具有强腐蚀性，加上烧结烟气中 HCl、HF 等酸性气体含量高，导致设备腐蚀较严重，日常维护难度较大。

2) 工艺复杂、流程较长，副产品处理工艺设备复杂，硫铵系统对整个工程运行稳定性影响较大。

3) 脱硫工艺占地面积大，一次性投资较大。

3.3.6.4 旋转喷雾半干法

A 旋转喷雾半干法工艺

吸收剂浆液以雾状形式喷入吸收塔内，吸收剂雾滴与烟气中 SO_2 发生化学反应过程中，又不断吸收烟气中的热量使水分蒸发，最后完成脱硫后的废渣以干态灰渣形式排出。旋转喷雾半干法工艺流程[3] 如图 3.10 所示，它包括四个步骤：(1) 吸收剂浆液制备与供应；(2) 吸收剂浆液雾化；(3) 雾滴和烟气混合，吸收 SO_2 并被干燥；(4) 废渣排出除尘和再利用。(2) 和 (3) 两个步骤均在喷雾干燥塔内进行。

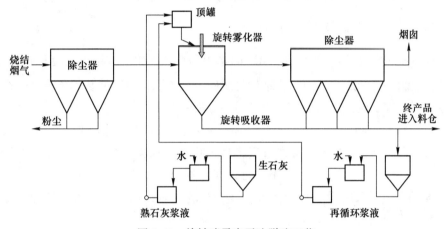

图 3.10 旋转喷雾半干法脱硫工艺

旋转喷雾半干法一般选用生石灰作为吸收剂，生石灰经浆液制备装置，熟化成具有较好反应能力的熟石灰浆液，随后泵入高位给料箱。浆液自流入旋转喷雾器，经分配管均匀地注入高速旋转的雾化器。浆液在离心力作用下喷射成均匀的雾滴，雾滴直径可小于 $100\mu m$。这些具有很大表面积的分散雾滴，同烟气接触后，发生强烈的热交换和化学反应，迅速将大部分水分蒸发，形成含水量很少的固体灰渣。如果微粒没有完全干燥，则在吸收塔之后的烟道和除尘器中可继续发生吸收 SO_2 的化学反应[17,18]。

B 主要反应

$$SO_2 + Ca(OH)_2 =\!=\!= CaSO_3 + H_2O \tag{3.14}$$

$$SO_2 + \frac{1}{2}O_2 + Ca(OH)_2 =\!=\!= CaSO_4 + H_2O \tag{3.15}$$

C 工艺特点

(1) 优点：

1) 因为工艺流程中设置了布袋除尘器,对脱硫进口粉尘浓度的适应性强,因此烟尘排放浓度低且稳定。

2) 系统简单,运行维护方便。

3) 无废水产生,无需增设废水处理系统。

4) 脱硫烟气出口温度高于酸露点,对设备无腐蚀。

(2) 工艺技术劣势:

1) 脱硫率略低于湿法脱硫(90%以上),进口烟气二氧化硫浓度不宜过高,一般不宜大于 $2000mg/m^3$(标态)。

2) 副产物为 $CaSO_4$ 和 $CaSO_3$ 的混合物,利用价值不高。

3.3.7　烧结烟气脱硝技术

针对铁矿石烧结过程烟气中 NO_x 的来源和特点,NO_x 减排主要有三种方法,即燃料控制、烧结过程控制和烧结烟气脱硝。其中原料控制是基础条件,烧结过程控制是有效手段,烧结烟气脱硝是最终保障[19]。

(1) 燃料控制技术。通过减少烧结燃料中 N 元素的量来减排 NO,一方面,可以减少含氮燃料使用量,如通过实施余热回收、小球烧结、厚料层烧结等清洁生产技术,减少能源消耗量,同步减少烟气中 NO_x 排放;另一方面,可控制原料中 N 的含量,采用低 N 含量的焦粉代替煤粉或者采用低焦油含量的无烟煤进行配料可减少烧结烟气 NO_x 的产生量。

(2) 烧结过程控制技术。烧结过程脱硝技术是通过控制操作条件或者在烧结过程加入某种添加物来减少 NO_x 的一种方法。

3.3.7.1　烧结烟气 SCR 脱硝技术

烧结烟气先经过除尘、脱硫设备除去颗粒物和二氧化硫,由于脱硫后的烟气温度较低,而 SCR 反应所需烟气温度一般为 $300 \sim 450℃$,因此需要先对烟气进行加热升温[20]。液氨储罐中的液氨通过蒸发器气化进入缓冲罐,再在混合器中与空气混合、稀释,通过氨喷射栅格,在烟气入口处喷入 SCR 反应装置。先与烟气混合,在混合过程中,应确保烟气温度分布均匀、氨气与烟气混合均匀。然后烟气再经过催化剂,SCR 反应装置中通常填充有多层催化剂(如 V_2O_5/TiO_2),NH_3 扩散到催化剂的微孔结构中,并被活性区域所吸附,NO_x 与被吸附的 NH_3 发生催化反应从而完成脱硝反应(图3.11)。其最主要的化学反应如下:

$$4NO + O_2 + 4NH_3 \Longrightarrow 4N_2 + 6H_2O \qquad (3.16)$$

$$NO + NO_2 + 2NH_3 = 2N_2 + 3H_2O \tag{3.17}$$

$$6NO + 4NH_3 = 5N_2 + 6H_2O \tag{3.18}$$

副反应如下:

$$2SO_2 + O_2 = 2SO_3 \tag{3.19}$$

$$NH_3 + SO_3 + H_2O = NH_4HSO_4 \tag{3.20}$$

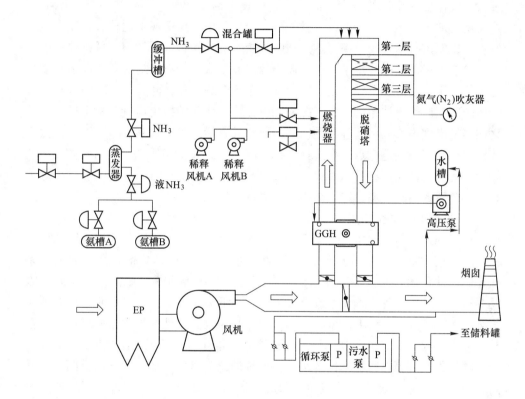

图 3.11 SCR 脱硝工艺

SCR 脱硝技术的核心是脱硝催化剂,目前,工业所用催化剂结构主要有 3 种,即蜂窝式、平板式和波纹板式。这些都是钒钛系催化剂,必须在一定的温度条件下才可以稳定运行。电厂常用温度为 300~420℃,温度太低,NO 在催化剂作用下不会与 NH_3 发生反应;而温度太高,容易导致催化剂烧结,活性降低。钢铁行业中烧结烟气温度较低,使得脱硝催化剂应用受限。因此,在实际工作中要考虑以下两点:一是通过换热,将烟气温度升高至催化剂所需温度;二是研发可适用于低温条件下的新型催化剂[21]。

　　a　再热 SCR 脱硝技术

　　常规再热 SCR 脱硝技术一般有 2 种工艺模式：（1）"除尘+脱硫+换热 GGH+中高温 SCR 脱硝"工艺；（2）"换热 GGH+中高温 SCR 脱硝+换热 GGH+脱硫+除尘"工艺。对于第一种工艺，烧结烟气通过除尘后进入脱硫系统，再经气体换热系统（GGH）将烟温加热到 290℃以上，最后再通过脱硝系统进行脱硝。该技术将脱硝系统布置在最后一步。因此，通过催化剂的烧结烟气是比较干净的，可以最大限度保证催化剂的寿命。但是，这种技术需要增加气体换热系统（GGH），这无疑增加了成本，且会造成过量的潜热损失。由于投资成本比较大，实际应用并不多，但该技术脱硝效率可达到 90%以上，完全可以满足国家超低排放标准。

　　第二种工艺的原理跟第一种一样，都是通过换热，将烧结温度升高至常规催化剂的适用温度，所不同的是，脱硝系统布置在最前面，此时的烟气中含有各种气体杂质，属于不洁净烟气，工况较恶劣，对催化剂的稳定运行是一个挑战，催化剂容易出现中毒、堵塞等问题，从而导致其失活，脱硝效率下降（因此，大部分设计厂家考虑到这一点，在选择催化剂时，会选择大节距的、具有强烈抗 SO_2 等物质的脱硝催化剂，这显然会增加投资成本）。该技术的优势在于可以很好地利用换热后的潜热，不会造成热损失。

　　b　低温 SCR 脱硝技术

　　低温 SCR 脱硝技术可以从以下 2 个角度分析：（1）仍使用常规钒钛系低温 SCR 脱硝催化剂；（2）研究其他新型的低温 SCR 脱硝催化剂。常规的钒钛系 SCR 脱硝催化剂之所以不能在低温条件下运行，主要有 2 个原因，一是温度太低，达不到反应条件，催化剂没有效果；二是低温条件下，烟气中的 SO_2 等硫化物会与 NH_3 反应生成 NH_4HSO_4。NH_4HSO_4 是一种高黏性的物质，如果长时间存在于催化剂内部，会导致催化剂的微孔堵塞，催化剂表面的 NH_4HSO_4 也会加速粉尘在催化剂表面形成板结性的结构，导致催化剂活性下降。基于以上两点，低温 SCR 钒钛系脱硝催化剂的应用变得较为困难。大量学者对此进行了研究，发现通过改变活性组分含量、添加部分催化剂助剂，优化制备工艺，增大催化剂节距，提高抗毒、抗硫性能，可得到低温催化剂。为了保证脱硝催化剂的最长使用寿命和最佳运行条件，一般将脱硝系统置于除尘、脱硫之后为宜。

　　除此之外，研究表明，贵金属、金属氧化物等在低温条件下均具有优良的脱硝性能，尤其以 Mn 系研究最多，以 Mn 基为活性组分，制备的复合催化剂可以在温度低于 100℃时仍取得很好的脱硝效率，但 Mn 不耐水、SO_2，对其活性有很大影响。目前，耐水、硫的低温脱硝催化剂仍是重要的研究方向。

3.3.7.2　活性炭（焦）烟气脱硝技术

　　活性炭（焦）是一种非极性物质，具有巨大的比表面积，易吸附有机气体、非极性气体和极性较低的气体。活性炭（焦）作为烧结烟气中高效吸附剂在脱硫脱硝的同时，还能有效地吸附烟气中的二噁英、重金属及粉尘，有利于钢铁行业的清洁生产。

活性炭（焦）烟气污染物吸附技术来源于德国，日本于20世纪60年代将其进一步研发并推广应用，如日本的住友、J-POWER公司等[22]。工程上一般采用移动（错流、对流）床吸附反应塔与解吸（再生）塔实现 SO_2 和 NO_x 的吸附与热再生。国内太钢（集团）公司是较早引入活性炭烧结烟气低温脱硝技术的企业，采用日本住友（Sumitomo Heavy Industry）的活性炭干法联合脱硫脱硝技术，净化烧结烟气中的 SO_2 和 NO_x，可以实现高于95%的脱硫率和高于33%的脱硝率[23]。为了提高脱硝效果，河北邯钢将脱硫和脱硝分为两个仓室进行，先脱硫再进行脱硝，脱硝率高于85%[24]；宝钢宝山基地采用了二级吸附塔串联提高脱硝率，可达87%以上[25]。

活性炭（焦）吸附法工艺如图3.12所示，烟气由吸附塔下端进入，从上端排出。新的活性炭加入吸附塔中，经脱硝和脱硫后，活性炭粉进入解吸塔，经由解吸塔出来的活性炭重新回到吸附塔进行脱硫、脱硝，如此便实现了活性炭的循环利用。

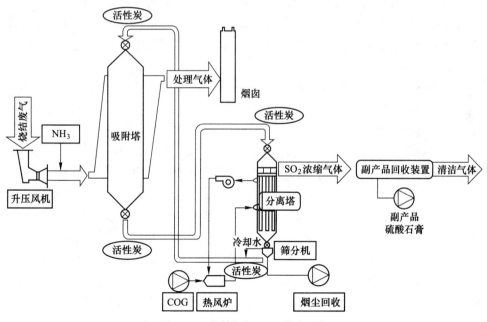

图 3.12　烧结烟气 SCR 脱硝工艺

但活性炭烧结烟气脱硝的工业应用中也存在一些问题，如受到烟气中 SO_2 和 H_2O 的影响，导致活性炭脱硝率并不高；另外，吸附塔底部柱状成型活性炭由于进塔气流的扰动或气流分布不均易引起吸附塔底层活性炭碰撞、摩擦，导致吸附塔底层活性炭的粉化现象，粉状废炭只能作为燃料处理，减少了活性炭的利用率，增加了成本；此外，烧结烟气温度波动较大，而活性炭的燃点低，容易出现烧塔的风险等。

活性炭（焦）吸附工艺虽实现了多污染物协同净化，但该技术普遍存在设备占地面积大、投资和运行成本高、设备腐蚀严重、外围系统复杂、活性炭循环使用后吸附率明显降低、再生能耗高等问题[26-28]。

3.4 炼焦烟尘治理技术

3.4.1 炼焦工艺流程

炼焦工艺流程：由备煤车间送来的能满足炼焦要求的配煤装入煤塔，通过摇动给料器将煤装入装煤车的煤箱内，并将煤捣固成煤饼。装煤车按作业计划将煤饼从机侧送入炭化室内，煤饼在炭化室内经过一个结焦周期的高温干馏制成焦炭和荒煤气。炭化室内的焦炭成熟后用推焦机推出，经拦焦机导入焦罐车内，由电机车牵引至干熄焦站的提升井架底部，提升机将焦罐提升并送至干熄炉炉顶，通过带布料料钟的装入装置将焦炭装入干熄炉内，在干熄炉内焦炭与惰性气体直接进行热交换，焦炭被冷却至200℃以下，经排焦装置卸到带式输送机上，然后送往筛储焦工段。

采用湿法熄焦时，推出的焦炭经拦焦机导入熄焦车内，由电机车牵引熄焦车至熄焦塔内进行喷水熄焦。熄焦后的焦炭卸至晾焦台上，冷却一定时间后送往筛储焦工段进行筛分。

煤在炭化室干馏过程中产生的荒煤气汇集到炭化室顶部空间经过上升管、桥管进入集气管，约800℃左右的荒煤气在桥管内被氨水喷洒、冷却至85℃左右，荒煤气中的焦油等同时被冷凝下来，煤气和冷凝下来的焦油同氨水一起经吸煤气管道送入煤气净化车间。炼焦使用的煤气由外部管道架空引入，分别进入每座焦炉的焦炉煤气预热器，预热至45℃左右送入地下室，通过下喷管把煤气送入燃烧室立火道，与废气开闭器进入的空气混合燃烧，燃烧后的废气通过立火道顶部跨越孔进入下降气流的立火道，在经过蓄热室，由格子砖把废气的部分显热回收后经过小烟道、废气交换开闭器、分烟道、总烟道、烟囱排入大气。

3.4.2 炼焦除尘

焦炉是一个开放性的污染源，散发的污染物主要为苯可溶物（BSO）、苯并[a]芘（BaP）、SO_2、NO_x、CO、H_2S 和粉尘等，这些污染物主要来自装煤孔盖、炉门、上升管等处的外逸烟尘和装煤、出焦、熄焦等作业时散发的烟尘。焦炉生产过程产生的烟尘主要有两种形式：一是阵发性烟尘，如装煤、出焦、熄焦等操作过程中伴有大量烟尘外逸；二是连续性烟尘排放，如焦炉炉门、装煤孔盖、上升管、桥管等不严密处形成的泄漏点散发大量烟尘，因此，需要针对不同烟尘的排放形式采取不同的控制措施。

3.4.2.1 装煤烟尘的治理

集气管一般采用高压氨水喷射，使上升管内形成一定的负压，装煤时一部分烟尘被吸入集气管，另一部分烟尘经过除尘装煤车时，燃烧、洗涤、降温后，用管道输送至地面站用袋式除尘器净化后排出。装煤烟气中含有一定量的焦油，为防止焦油黏结在布袋上，在滤袋过滤前需要预涂焦粉以吸附焦油物质。

3.4.2.2 推焦烟尘的治理

焦炉推焦时产生的大量阵发性烟尘以焦粉尘为主，含有少量焦油烟，同时烟气中还有少量苯可溶物（BSO）和苯并[a]芘（BaP）。

推焦除尘系统由移动和固定装置两部分组成，移动装置包括固定在拦焦车上的大型吸气罩和将烟气送入焦侧集尘干管的转换装置；固定装置包括固定的集尘干管和除尘地面站（图 3.13），即蓄热式冷却器、袋式除尘器、通风机、消声器等。

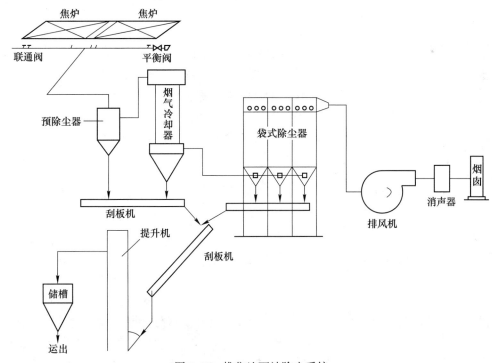

图 3.13 推焦地面站除尘系统

推焦除尘工艺流程：拦焦车二次对位后，拦焦车上的排烟连接管与设在焦侧的固定接口阀接通，由推焦车取门台车提前30s向地面除尘系统发出信号，通风机变频电机开始由低速向高速运行。推焦杆进行推焦时，出焦产生大量阵发性烟尘由拦焦车上的大型吸气罩收集（图3.14）。通过接口翻板阀等转换装置，使烟尘进入集尘干管，送入蓄热式冷却器并进行粗分离，再经袋式除尘器过滤后排放至大气。出焦结束后，地面除尘系统接收信号，通风机转入低速运行，除尘器收集的粉尘，一部分由刮板输送机送入预喷涂料仓作为装煤除尘器的预喷涂料，其余运到外运储灰仓，与装煤除尘收集的粉尘一起处理后运走。

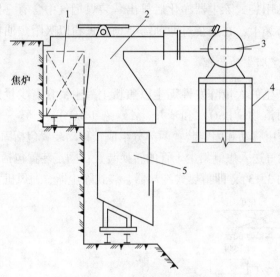

图 3.14　出焦时拦焦机吸气罩

1—拦焦机；2—集气吸尘罩；3—自动连接阀门；4—支架；5—熄焦车

3.4.2.3　干熄焦烟尘的治理

干法熄焦是指在封闭的熄焦塔内，用惰性气体通过高温焦炭带走热量使焦炭冷却降温的一种熄焦方法。惰性气体升温后进入余热锅炉，降温后返回至干熄炉冷却焦炭。高温焦炭向熄焦塔倒入时，需要先开启熄焦塔顶盖，由于熄焦塔内高温正压，因此在启盖倒焦过程中会向外逸出大量烟尘。此外，熄焦塔的放散管、排焦口都是焦尘、烟气的排放源。

干熄焦工艺：装满红焦的焦罐由电机车牵引至提升井架下，通过自动对位装置对准提升位置，提升机将装满红焦的焦罐提升并横移至干熄炉顶，通过带料钟的装入装置将焦炭装入干熄炉内。在干熄炉内，焦炭与惰性气体直接进行热交换，焦炭被冷却后经排焦装置卸至皮带输送机上送往筛焦工段（图3.15）。冷却焦炭的惰性气体由循环风机通过干熄炉底部的供气装置鼓入干熄炉与红焦进行换热。由干熄塔出来的热惰性气体温度随着入炉焦炭温度的不同而变化，如果入炉焦炭温度稳定在1050℃，则该温度约为980℃。热惰性气体经一次除尘器除尘后进入余热锅炉换热，温度降至170℃。惰性气体由余热锅炉降温，再经二次除尘和循环风机加压，经水换热器冷却至约130℃进入干熄炉循环使用[7]。

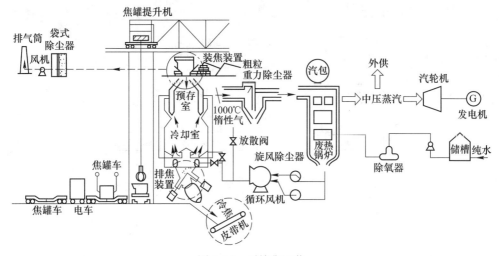

图3.15 干熄焦工艺

具体的烟尘减排措施为：

（1）焦罐运输途中，从提升塔到装焦口焦罐加盖。

（2）干熄炉顶装焦口设置环形水封座，装焦时使接焦料斗的升降式密封罩插入水封座中形成水封，防止粉尘外逸；同时，接焦料斗接通活动式抽尘管，斗内被抽成负压，将装焦时瞬间产生的大量烟尘抽入除尘管中，以减少粉尘的外逸。

（3）排焦装置采用电磁振动给料机加旋转密封阀的方式，皮带机设密封罩，并在焦炭排出口及皮带机受料点设吸气罩，将烟气导入袋式除尘器，经除尘净化后排放。

（4）干熄塔放散管及循环气体常用放散管的高温放散气体被吸气罩捕集后，首先经过冷却器降低烟气温度，再与排焦口、排焦口皮带机以及新焦转运站的低温烟气混合，然后进入脉冲袋式除尘器净化后排至大气。

（5）焦炉干熄焦除尘有两级除尘器：一级除尘器采用重力沉降室，除去循环气体中所含有的粗焦粒，以降低对干熄焦锅炉炉管的磨损。二级除尘器采用旋风除尘器，以将循环气体中的细粒焦粉进一步分离，以降低焦粉对循环风机叶片的磨损。

(6) 在生产过程中焦炭转运站、筛焦楼、储焦塔顶部及底部、各转运站等处均会产生粉尘，为了更好地收集这部分粉尘，在各个部位均设置除尘点，将干熄焦生产过程中产生的烟尘收集后经袋式除尘器除尘，净化后达标排放，干熄焦除尘工艺流程如图 3.16 所示。

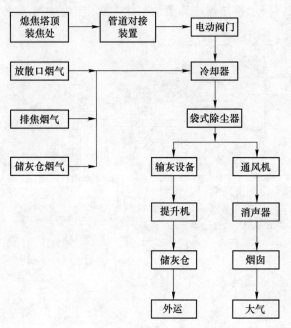

图 3.16　干熄焦除尘工艺流程

3.5　炼铁烟气治理技术

3.5.1　高炉炼铁工艺

炼铁是将含铁原料（烧结矿、球团或铁矿）、燃料（焦炭、煤粉等），以及其他辅助原料（石灰石、白云石、锰矿等），按一定比例自高炉炉顶中装入高炉，并由热风炉在高炉下部沿炉周的风口向高炉内鼓入热风辅助焦炭燃烧（有的高炉也喷吹煤粉、重油、天然气等辅助燃料），在高温下焦炭中的炭同鼓入空气中的氧燃烧生成一氧化碳和氢气。原料、燃料随着炉内熔炼等过程的进行而下降，下降的炉料和上升的煤气相遇，先后发生传热、还原、熔化、脱碳作用而生成铁，铁矿石原料中的杂质与加入炉内的溶剂相结合而生成渣，炉底铁水间断地放出，装入铁水罐，送往炼钢厂；同时产生高炉煤气、炉渣两种副产品。高炉炉渣主要由矿石中不还原的杂质和石灰石等溶剂结合生成，炉渣排出经水淬处理后全部作为水泥生产原料，产生的煤气经炉顶导出，经除尘后可作为热风炉、加热炉、焦炉、锅炉等的燃料。

3.5.2 炼铁厂废气的来源及特点

炼铁厂的废气主要来源于以下的工艺环节：高炉原料、燃料及辅助原料的运输、筛分、转运过程中产生的粉尘；在高炉出铁时产生的一些有害废气，该废气主要包括粉尘、一氧化碳、二氧化硫和硫化氢等污染物；高炉煤气的放散以及铸铁机铁水浇注时产生的含尘废气和石墨碳的废气。

3.5.3 炼铁厂废气治理技术

3.5.3.1 炉前矿槽的除尘

炼铁厂炉前矿槽的除尘，主要是解决高炉烧结矿、焦炭、杂矿等原料、燃料在运输、转运、卸料、给料及上料时产生的有害粉尘。控制该废气粉尘的根本措施是严格控制高炉原料、燃料的含粉量，特别是烧结矿的含粉量。此外针对不同产尘点的设备可设置密闭罩和抽风除尘系统。密闭罩根据不同的情况可采取局部密闭罩（如皮带机转运点）、整体密闭罩（如振动筛）或大容积密闭罩（如在上料小车的料坑处）。

3.5.3.2 高炉出铁场除尘

高炉在开炉、堵铁口及出铁的过程中将产生大量的烟尘，为此，应在出铁口、出渣口、撇渣器、铁沟、渣沟、残铁罐、摆动溜嘴等产尘点设置局部排风罩和抽风除尘的一次除尘系统[7]，如图 3.17 所示。在开、堵铁口时，出铁场必须设置包括封闭式外围结构的二次除尘系统，如图 3.18 所示为出铁场烟气处理工艺流程。

3.5.3.3 高炉炉顶除尘

中小型高炉一般采用卷扬上料（料罐、料车），大中型高炉均用皮带上料（并罐式、串罐式等）。高炉用皮带机通过无料钟炉顶装料设备向炉内供料时，应在皮带机头部加密闭罩抽风点，在移动溜槽密闭室（罩）或旋转料槽与称量料槽之间的密闭室设置抽风点，各抽风点均不同时工作。除尘系统应充分考虑切换阀门的切换时间与工艺加料时间的匹配，当采用阀门切换时，应按不同时工作考虑抽风量，但抽风点的气体含 CO，虽然经空气稀释，浓度较低，也应注意安全。

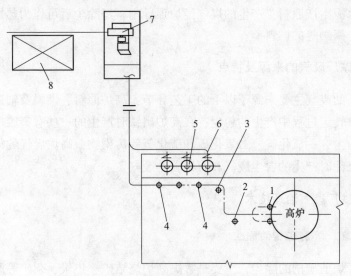

图 3.17　出铁场除尘系统

1—出铁口抽风管；2—主铁沟油风管；3—撇渣器抽风管；4—支铁沟抽风管

5—铁水罐密封罩；6—切换蝶阀；7—除尘风机；8—袋式除尘器

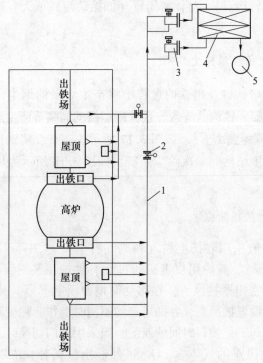

图 3.18　出铁场一、二次除尘系统流程

1—风管；2—调节阀；3—风机；4—除尘器；5—储灰斗

3.5.3.4　碾泥机室除尘

高炉堵铁口使用的炮泥由碳化硅、粉焦、黏土等粉料制成，在各种粉料的装卸、配料、混碾、装运的过程中会产生大量的粉尘，治理这些废气可设置集尘除尘系统，除尘设备可采用袋式除尘器收集粉尘。

3.6　转炉炼钢烟气治理技术

3.6.1　转炉炼钢工艺

转炉炼钢工艺：高炉铁水先装入铁水罐，然后将铁水罐内的铁水经铁水吊车兑入转炉，废钢经加料吊车加入转炉。转炉加入铁水、废钢后即摇正转炉，进行冶炼操作。转炉炼钢多采用顶吹工艺，从炉口插入氧枪，供氧吹炼。转炉在吹炼过程中，造渣的各种散状料（活性石灰、轻烧白云石、降温剂和辅助渣料等）经炉顶料仓下料口振动机送入称量漏斗，配料后经溜管送入汇总漏斗存放，加料时经溜管从气化冷却烟道垂直段的两侧开孔加入转炉。出钢过程将配置好的铁合金料从炉后旋转溜槽加入钢包，完成钢水脱氧和成分调整，同时从炉后加入顶料渣，防止钢水回磷、回硫。转炉烟气经 OG 净化后回收煤气，炉渣经外运处理。钢包受钢后运回钢水接收跨，进行钢水吹氧、喂丝处理，完成钢水调温，进一步脱氧和改变杂物形态、分布，提高钢水质量。

3.6.2　转炉烟气特点

转炉烟气的特点是转炉炼钢时会产生大量烟气，烟气的温度高，可达 1450℃，含有大量的显热，烟气中 CO 的含量高达 50% 以上，甚至可以达到 80%。转炉烟气有毒，易燃易爆，但也含有大量的化学能。转炉烟气含尘量高，可以达到 150g/m³（标态），烟尘中的主要成分为全铁，可高达 50% 以上，如任其放散，将会对工厂周围的环境造成严重污染；同时烟气的显热、化学能、含铁粉尘是一笔巨大的资源，需要将其回收利用。

转炉炼钢烟气净化系统一是要解决烟气收集的问题，保证全部烟气进入净化系统，防止在炉口无序排放，污染车间环境。二是要解决烟气净化问题，保证进入系统的烟气经过除尘之后，烟气中的含尘量达到国家排放标准，保证转炉煤气回收利用的要求。三是解决空气侵入系统的问题，在保证收集效果的前提下，应尽可能减少空气的进入量，从而保证回收的转炉煤气的品质。

3.6.3　常用烟气治理技术

转炉炼钢烟气净化常用方法有干法（L-T 法）和湿法（OG 法）两种。湿法除尘最具代表性的是"双文氏管"工艺流程，简称 OG 法，目前世界上大部分转炉都采用这种方法。该流程是转炉烟气经罩裙、1~4 段气化冷却烟道冷却之后，烟气温度由 1600℃降至 800℃左右，然后进入一文、二文进一步降温并除尘，再经由离心风机到三通切换阀，合格的煤气进入回收系统，达不到煤气回收要求的烟气进入放散塔点火排放，如图 3.19 所示。

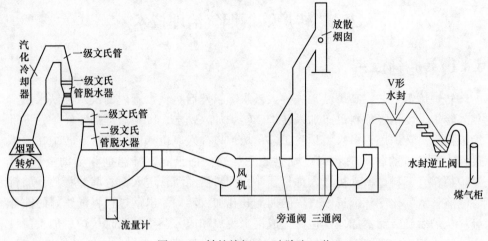

图 3.19 转炉炼钢 OG 法除尘工艺

3.6.3.1 OG 湿法除尘工艺

A OG 湿法除尘系统主要设备——文氏管除尘器

典型的文氏管除尘器如图 3.20 所示，主要由三部分组成，即引水装置（喷雾器）、文氏管体及脱水器，分别在其中实现雾化，凝并和除尘 3 个过程。含尘气流由风管 1 进入渐缩管 2，气流速度逐渐增加，静压降低；在喉管 3 中，气流速度达到最高；由于高速气流的冲击，使喷嘴 7 喷出的水滴进一步雾化；在喉管中气液两相充分混合，尘粒与水滴不断碰撞凝并，成为更大的颗粒；在渐扩管 4 中气流速度逐渐降低，静压增高；最后含尘气流经风管 5 进入脱水器 6。由于细颗粒凝并增大，在一般脱水器中就可以将尘粒和水滴一起捕集。

文氏管除尘器是一种高效除尘器，即使对于小于 $1\mu m$ 的颗粒物仍有很高的除尘效率。它适用于高温、高湿和有爆炸危险的气体。它的最大缺点是阻力很高。目前主要用于冶金、化工等行业高温烟气净化，如吹氧炼钢转炉的烟气。烟气温度最高可达 1600~1700℃。含尘浓度为 25~60g/m³，粒径大部分在 $1\mu m$以下。

OG 系统第一级文氏管采用手动可调喉口文氏管，为使转炉烟气降温，并进行粗除尘，在试车时用手动调节喉口挡板的开度，控制一文阻力损失在 2500Pa

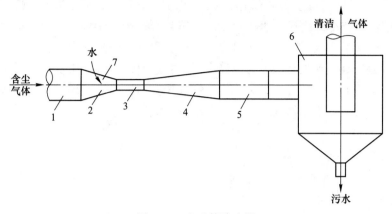

图 3.20　文氏管除尘器

1—入口风管；2—渐缩管；3—喉管；4—渐扩管；5—风管；6—脱水器；7—喷嘴

左右，然后固定喉口使用，使用时实际气速调到 60~70m/s。

第二级文氏管（R-D 文氏管）采用 R-D 喉口，该文氏管喉口采用椭圆形挡板，通过炉口微差压装置检测炉口压力的变化，炉口压力变化信号通过液压执行机构，转动挡板以调节炉口开度，使文氏管适应烟气流量的变化，保证气流高速通过喉口，达到精除尘的目的。使用时，实际气速调节至 100~120m/s。煤气回收期二文阻力损失控制在 8000~9000Pa，放散期可将入柜一段的阻力损失用在二文上，二文阻力损失调整到 11800~12800Pa。

B　OG 湿法除尘工艺的优点

（1）安全可靠、系统比较简单。

（2）一次性投资低。

C　OG 流程的缺点

（1）一文、二文需要的除尘水量很大。

（2）蒸汽和湿粉尘黏结到引风机叶片，造成转子不平衡，引起风机振动损坏，故障率高，影响系统正常稳定运行。

（3）系统易结垢，导致除尘能力下降，集尘效果和净化效果变差，炉口烟尘外逸，放散塔冒黄烟。

（4）系统阻力大、耗电高。

（5）污泥处理工序复杂，且容易造成二次污染。

（6）受文氏管效率影响，烟尘排放浓度偏高。

3.6.3.2　L-T 干法除尘工艺

A　除尘工艺

干法除尘最具代表性的是蒸发冷却器加静电除尘器的流程，由联邦德国

Lurgi、Thyssen 联合推出，简称 L-T 法，如图 3.21 所示。工艺流程：烟气进入汽化冷却烟道间接冷却之后，再由蒸发冷却器直接进行冷却——向通过蒸发冷却器内的烟气喷入雾化水。喷入的水量要准确地随炼钢生产过程中产生热气流的热焓而定，将烟气冷却到 150~200℃，经由煤气管道引入静电除尘器进行精除尘，然后通过引风设备——轴流式鼓风机进入煤气切换站，合格的煤气经进一步冷却之后进入回收系统，不合格的煤气经放散塔点火放散。

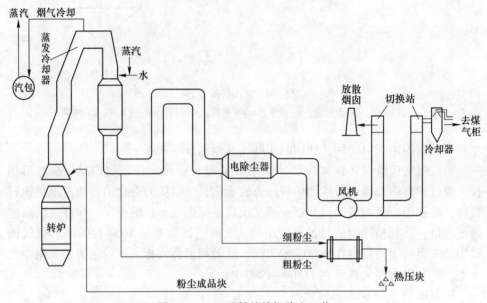

图 3.21   L-T 法转炉炼钢除尘工艺

B   L-T 法优点

(1) 除尘净化效率高，通过电除尘器可直接将粉尘浓度（标态）降至 10mg/m³ 以下。

(2) 该系统全部采用干法处理，不存在二次污染和污水处理。

(3) 系统阻力损失小，煤气发热值高，回收粉尘可直接利用，节约能源；系统简单，占地面积小，便于管理和维护。因此，干法除尘技术比湿法除尘技术有更高的经济效益和环境效益。

C   L-T 法缺点

(1) 干法除尘造价高，自动控制连锁多，要求自动化程度高。

(2) 采用的机械设备多，结构复杂、故障率高、维修时间长。

(3) 由于蒸发冷却式煤气中含有较高的水分，易结露，会影响静电除尘器的极间距离和运行电压，同时影响输灰系统的设备运行寿命。

(4) 蒸发冷却器壁上结垢问题还没有得到很好的解决。

（5）对转炉炼钢操作要求高，会影响炼钢节奏，虽然有泄爆装置，仍会影响电除尘器内零部件的寿命和除尘效果。

（6）除尘后煤气温度高，还必须采用专门的冷却设备进行冷却后，才能进入冷气柜，此时的用水量和湿法除尘循环供水量接近。

3.6.3.3 新OG法

A 新OG法转炉炼钢除尘工艺

转炉烟气经气化冷却烟道降温冷却后，温度由1600℃降到900℃左右，通过高温非金属膨胀节进入高效喷雾洗涤塔，经洗涤降温后，烟气变为饱和烟气，烟气温度降至70℃左右，并得到粗除尘。降温后的饱和一次转炉烟气，直接进入可调喉口文氏管，可调喉口文氏管采用上行式环缝文氏管，可以控制炼钢过程中产生的一氧化碳不燃烧或少燃烧，通过文氏管除尘后的烟气温度降至65℃左右，净化后的饱和烟气通过90°弯管进入旋流脱水器脱水，然后经管道进入风机，如图3.22所示。

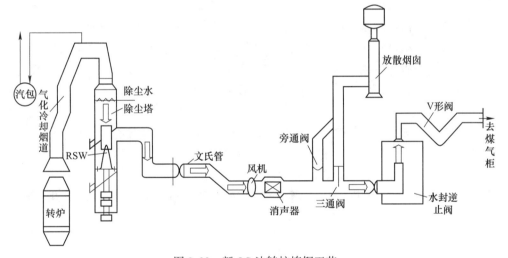

图3.22 新OG法转炉炼钢工艺

B 新OG系统设备

a 高效喷雾洗涤塔

喷雾洗涤的原理：一是利用快速（小于0.5s）蒸发吸热降低烟气温度；二是利用极小极快的雾化水滴收集微细粉尘成大颗粒粉尘，以利于烟气收缩，从而使气流的速度减慢之后粉尘进行沉降。喷雾洗涤塔以1代3，它不仅替代了一级除尘文氏管，还取消了水冷夹套、灭火水封、一级脱水器；因为是蒸发冷却，所以节省水量；靠喷进去的水直接雾化，捕集粉尘，所以烟气流速低，阻力损失小，喷雾洗涤塔的运行阻力在 1000Pa 以下。

高效喷淋塔作为转炉一次除尘新 OG 系统的核心装置之一，其降温除尘性能直接影响系统运行效果。高效喷淋塔中的喷嘴形式、雾化参数及布置方式，如喷嘴喷射方向和喷淋层数等，对其雾化性能有极大影响，会影响塔内温度及水气分布特性，合理的喷嘴布置方式可使塔内具有较好的气液传质面积，对于保证喷淋系统的降温效果与运行的可靠性至关重要[29-31]。因此，具有节水、降温、高效除尘的喷淋塔还需深入进行研究、改造。

b 文氏管

精除尘采用环缝式文氏管，中心雾化喷嘴喷水，在处理相同的烟气量时，阻力小、净化效果好。排放烟尘含量不超过 50mg/m³，可满足国家的排放要求。该文氏管有两个作用：一是煤气回收时，通过微差压检测装置和液压伺服装置，对喉口的开度进行自动调节，使炉口处于 0~20Pa 左右的微正压状态，用以控制冶炼过程中产生的一氧化碳不燃烧或少燃烧。二是控制烟气流速，使高速气流通过喉口进行精除尘。

c 旋流脱水器

旋流脱水器也就是离心脱水器，当夹杂水滴的气流进入旋流板时，细小的水滴在旋流叶片上撞击积聚，形成大颗粒水滴。在气流的带动下，水滴沿着叶片按离心方向甩至脱水器内壁留下，同时部分夹带在气体中的水滴也由于气流的旋转作用而分离。在保证脱水效果的前提下，设备结构简单，运行阻力低，在 500Pa 左右。

旋流脱水器是转炉烟气净化系统中进入风机前的精脱水设备，其脱水效率的高低与系统除尘效率关系紧密，且影响着脱水器后设备及管道的维护管理。对于 $0.1\mu m$ 与 $1\mu m$ 的液滴，脱水效率差异不大。在 $1~25\mu m$ 范围内，随着液滴直径的增大，脱水效率上升较快；当液滴直径达到 $30\mu m$ 时，脱水效率几乎达到 100%[32]。

C 新 OG 系统优点

新 OG 工艺与传统两文三脱工艺相比有下列优点：

(1) 工艺流程简化，用高温非金属膨胀节取代水冷夹套，不用设备冷却水冷却，系统简单；用喷雾洗涤塔取代一级文氏管，还取消了灭火水封和一级脱水器。

(2) 与传统的湿法工艺相比，节省水量，除尘水的循环量可以减少 1/3 左右。

(3) 降低了阻力，喷雾洗涤塔靠喷进去的水直接雾化捕集粉尘，所以烟气流速低、阻力损失小，较传统的两文三脱工艺可减少阻力 3000Pa 以上。

(4) 降低了能耗，系统阻力小，风机功率与压头成正比，所以同样风量风机电流小，能耗也低，用水量小，电耗也低。

（5）在洗涤塔内煤气流速低，消除了除尘水排除时易裹带煤气的安全隐患。

（6）降低了工人劳动强度，降低了设备故障率，提高了风机运行寿命。

（7）净化效果好，如果精除尘文氏管的压力降控制在14kPa以上，就可以将排放烟气的粉尘浓度降低到50mg/m³以下；但是如果采用传统的OG系统，风机的压头是一定的，一文阻力大，二文的压差就无法提高。

（8）煤气的回收量增加，环缝式文氏管的调节性能更好、更精确，所以煤气回收时间更长；另外煤气含尘量低，风机故障率低，启用备用风机的时间更短，所以煤气回收量增加。

参 考 文 献

[1] 兰格钢铁行业热点．[EB/OL].https：//info.lgmi.com/html/202101/27/1832.htm.

[2] 贺克斌．打赢蓝天保卫战需要加快钢铁行业超低排放改造 [N].中国环境报，2019（003）.

[3] 朱廷钰，王新东，郭旸旸，等．钢铁行业大气污染控制技术与策略 [M].北京：科学出版社，2018.

[4] 程茉莉，肖莹，隋鸿志．钢铁行业烟粉尘排放状况及控制措施趋势探讨 [J].能源与环境，2016（2）：57~60.

[5] 张毅．宝钢原料场料场抑尘技术研究 [D].武汉：武汉科技大学，2012.

[6] 王悦详．烧结矿与球团矿生产 [M].北京：冶金工业出版社，2006.

[7] 朱廷钰，李玉然．烧结烟气排放控制技术及工程应用 [M].北京：冶金工业出版社，2015.

[8] 张殿印，李惊涛．冶金烟气治理新技术手册 [M].北京：化学工业出版社，2017.

[9] 孙一坚，沈恒根．工业通风 [M].北京：中国建筑工业出版社，2011.

[10] 张殿印，张学义．除尘技术手册 [M].北京：冶金工业出版社，2002.

[11] 陶国龙．电除尘器烟气喷雾增湿增效技术 [J].电力环境保护，2001，17（2）：28~30.

[12] 丁志江，伍勇辉，肖立春．电除尘器中水雾雾化特性及对除尘性能的影响 [J].环境工程，2013，31（S）：354~356.

[13] 邓杰文，曲宏伟．湿法电除尘器内喷雾过程雾滴运动特性研究 [J].2017，44（2）：105~110.

[14] 程仕勇，王彬．氨-硫铵法和石灰-石膏法烧结烟气脱硫工艺的应用对比 [J].烧结球团，2012，37（5）：65~67.

[15] 唐碧军．双碱法在烧结机烟气脱硫中的应用 [J].价值工程，2014：313~314.

[16] 朱海东，李延坡．双碱法烟气脱硫除尘技术在锅炉烟气除尘装置的应用 [J].化肥设计，2008，46（3）：53~56.

[17] 闫现芳．旋转喷雾半干法脱硫在湘钢105 m² 烧结机的应用 [J].山西建筑，2018，44（5）：195~197.

[18] 马秀珍, 栾元迪, 叶冰. 旋转喷雾半干法烟气脱硫技术的开发和应用 [J]. 山东冶金, 2012, 34 (5): 51~53.

[19] 刘大钧, 魏有权, 杨丽琴. 我国钢铁生产企业氮氧化物减排形势研究 [J]. 环境工程, 2012, 30 (5): 118~123.

[20] 温斌, 宋宝华, 孙国刚, 等. 钢铁烧结烟气脱硝技术进展 [C] //2017 年烧结烟气脱硝及综合治理技术交流研讨会论文集, 2017: 69~73.

[21] 史磊. 钢铁行业烧结烟气脱硝技术分析及对比 [J]. 能源与节能, 2020, (3): 69~71.

[22] 高继贤, 刘静, 曾艳, 等. 活性焦 (炭) 干法烧结烟气净化技术在钢铁行业的应用与分析——工艺与技术经济分析 [J]. 烧结球团, 2012, 37 (1): 65~69.

[23] 史夏逸, 董艳苹, 崔岩. 烧结烟气脱硝技术分析及比较 [J]. 中国冶金, 2017, 27 (8): 56~59.

[24] 卢建光, 阎占海, 邵久刚, 等. 逆流式活性炭净化烟气工艺在邯钢烧结机的应用 [J]. 中国钢铁业, 2019 (3): 52~54.

[25] 赵利明. 活性炭烟气净化技术在宝钢股份宝山基地 3#烧结机的应用 [J]. 烧结球团, 2017, 42 (6): 5~10.

[26] 程仕勇, 郑丽丽, 王超. 钢铁企业烧结烟气脱硝工艺选型探讨 [J]. 山东冶金, 2019, 41 (6): 48~50.

[27] 杨雅娟, 杨景玲, 孙健, 等. 烧结烟气活性炭吸附脱硫脱硝技术应用现状 [J]. 环境工程, 2018, 36 (增刊): 546~550.

[28] 闫伯骏, 邢奕, 路培, 等. 钢铁行业烧结烟气多污染物协同净化技术研究进展 [J]. 工程科学学报, 2018, 40 (7): 767~775.

[29] 钱付平, 黄小萍, 曹博文, 等. 转炉一次除尘新 OG 系统高效喷淋塔喷嘴布置方式对喷淋特性的影响 [J]. 过程工程学报, 2019, 19 (3): 500~509.

[30] 黄小萍, 钱付平, 王来勇, 等. 转炉一次除尘新 OG 系统高效喷淋塔喷嘴雾化特性的模拟 [J]. 过程工程学报, 2018, 18 (3): 461~468.

[31] 曹博文, 钱付平, 黄小萍, 等. 转炉一次除尘新 OG 系统高效喷淋塔喷嘴雾化效果的实验研究 [J]. 安徽工业大学学报 (自然科学版), 2019, 36 (3): 278~282.

[32] 刘哲, 钱付平, 张天, 等. 新 OG 系统旋流脱水器气液分离特性数值研究 [J]. 中国环境科学, 2019, 39 (11): 4628~4637.

4   CFD 模型的建立

CFD 软件的应用与计算机技术的发展密切相关，CFD 软件早在 20 世纪 70 年代就已经在美国诞生，现已在国内外得到广泛的应用，CFD 软件已成为解决各种流体流动与传热问题的强有力工具，成功应用于能源动力、石油化工、建筑暖通、冶金工业、航空航天及生物医学等各个领域。过去只能依靠实验手段才能获得的某些结果，现在已经完全可以借助 CFD 软件的模拟计算来准确获取。

4.1   CFD 解决工程问题的基本流程

利用 CFD 软件进行工程问题求解时，一般采用如图 4.1 所示的工作流程[1]。

（1）物理问题抽象。第一步要解决的问题是确定计算的目的。在对物理现象进行充分认识后，确定要计算的物理量，同时明确计算过程中需要关注的细节问题。

（2）计算域确定。确定了计算内容之后，紧接着要做的工作是确定计算域。这部分工作主要体现在几何建模上。在几何建模的过程中，若模型中存在一些细小特征，则需要评估这些细小特征在计算时是否需要考虑，是否需要移除这些特征。

（3）划分计算网格。计算域确定之后，需要对计算域几何模型进行网格划分。现在已经发展出多种对各种区域进行离散以生成网格的方法，统称网格生成技术。

（4）选择物理模型。对于不同的物理现象，需要选择合适的物理模型进行描述。在第一步工作中确定了需要模拟的物理现象，在此需要选择相对应的物理模型。如需要考虑传热，则需要选择能量模型；如需要考虑

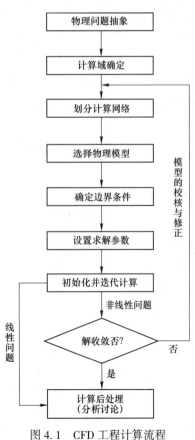

图 4.1   CFD 工程计算流程

湍流，则需要选择湍流模型等。

（5）确定边界条件。确定计算域实际上是确定了边界位置。在这一步工作中，需要确定边界位置上物理量的分布，通常需要考虑边界类型及边界位置上物理量的分布。

（6）设置求解参数。在上面的工作均进行完毕后，则需要设定求解参数。包括一些监控物理量设定、收敛标准设定、求解精度控制等。若为瞬态计算，则可能还涉及自动保存、动画设定等。针对不同的物理问题，需要设定的求解参数也存在差异。

（7）初始化并迭代计算。在进行迭代计算之前，往往需要进行初始化。对于稳态计算，选择合适的初始值有助于加快收敛，初始值的设定不会影响最终的计算结果；对于瞬态计算，则需要根据实际情况设定初始值，初始值会影响后续时间点上的计算结果。

（8）模型的校核与修正。模拟过程中，往往需要对计算结果进行评估，一般情况下是与实验值进行比较。评估的内容包括网格独立性、收敛性、计算模型、计算结果有效性与误差等。在评估的过程中通常需要不断调整模型，最终使模型计算结果贴近于实验值，以方便后续的研究工作。

（9）计算后处理。计算完毕后，通常需要进行数据后处理，将计算结果以图形图表的方式展现出来，从而方便进行问题分析。后处理一般包含的内容包括表面或截面上物理量云图显示、线上曲线图显示、计算结果输出和动画生成等。

4.2 建模方法概述

4.2.1 几何模型

在进行 CFD 分析计算前，首先需要对计算区域（流动区域或固体区域）的几何形状进行定义和构建。创建几何模型是进行计算流体模拟分析的基础，建立良好的几何模型既可以准确反映所研究的物理对象，又能方便进行下一步网格划分工作。

目前，创建几何模型的方法主要有两种，一是通过网格生成软件直接创建模型；二是采用三维 CAD 软件进行几何建模。

（1）通过网格生成软件直接创建模型。目前主流的网格生成软件都具备创建几何模型的功能，如 ANSYS ICEM CFD[2]。通过这种方法创建的模型几何精度高，但操作过程相对麻烦，创建复杂的几何模型较为困难。

（2）采用三维 CAD 软件进行几何建模。通过三维 CAD 软件创建几何模型，然后转化为网格生成软件可以识别的接口文件导入生成软件再进行网格划分。通过这种方法创建模型较为简单，能够生成复杂的几何模型，但是对于一些由设计人员绘制的三维模型，不可避免地存在一些曲面不封闭，以及多余断线等问题，因此，在导入网格软件后必要时需要进行简化和修复。关于模型创建的具体方法和技巧，目前已有很多专业书籍，本书不再赘述。

4.2.2 基本物理模型

确定几何模型后，要根据实际物理问题，进行合理的简化，进而选择合适的物理模型。物理模型的选择主要考虑流体类型及性质、运动状态、是否传热、是否存在辐射、是否存在化学反应、是否存在相变等几方面。

本书第2章详细介绍了流体运动与传热时需要遵从的守恒方程（连续性方程、动量方程和能量方程）以及湍流情况下方程封闭时的补充方程。对于层流流动，可以直接求解连续性方程和动量方程，获得结果；对于湍流而言，需要引入补充方程，使模型封闭。其数值模拟方法及对应的湍流模型如图4.2所示[3]。

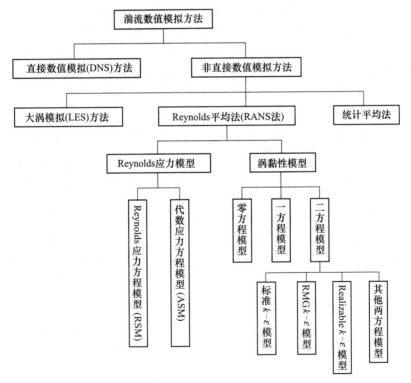

图4.2 湍流数值模拟方法及对应的湍流模型

目前的湍流数值模拟方法可以分为直接数值模拟（DNS）方法和非直接数值模拟方法。所谓DNS方法，是指直接求解湍流瞬态控制方程（连续性方程和动量方程）；而非直接数值模拟方法就是不直接计算湍流的脉动特性，而是设法对湍流作某种程度的近似和简化处理，根据所采用的近似和简化方法不同，非直接数值模拟方法又可分为大涡模拟（LES）方法、统计平均法和雷诺平均法（RANS），具体分类如图 4.2 所示。其中，统计平均法是基于湍流相关函数的统计理论，主要用相关函数及谱分析的方法研究湍流结构，统计理论主要涉及小涡的运动，这种方法在工程上的应用并不广泛。下面介绍 DNS 方法、LES 方法和RANS 方法的选择与应用。

4.2.2.1　DNS 方法

DNS 方法就是直接用瞬态的 Navier-Stokes 方程对湍流进行计算。DNS 方法的优点是无需对湍流流动作任何简化或近似，理论上可以得到相当准确的计算结果。但是，实验研究表明，在一个 0.1m×0.1m 大小的流动区域，在高雷诺数的湍流中包含尺度为 10~100μm 的涡，要描述所有尺度的涡，则计算的网格节点数会高达 $10^9 \sim 10^{12}$ 个；同时，涡流脉动的频率约为 10kHz，因此，必须将时间的离散步长取为 100μs 以下，即只有在如此微小的空间和时间步长下，才能分辨出湍流中详细的空间结构及变化剧烈的时间特性。因此，DNS 方法对计算机内存空间和计算速度的要求非常高，目前还无法用于真正意义上的工程计算。

4.2.2.2　LES 方法

鉴于 DNS 方法模拟湍流流动的困难，目前只能放弃对全尺度范围内涡的运动的模拟，只将比网格尺度大的湍流运动通过 Navier-Stokes 方程直接计算出来，对于小尺度的涡对大尺度运动的影响则通过建立模型来模拟，从而形成了目前的LES 方法。

LES 方法的基本思想可以概括为：用瞬态的 Navier-Stokes 方程直接模拟湍流中的大涡，不直接模拟小涡，而小涡对大涡的影响通过近似的模型来考虑。

总体而言，LES 方法对计算机内存及 CPU 的速度要求仍比较高，还无法在工程上广泛应用，但是 LES 方法对于研究许多流动机理问题提供了更为可靠的手段，可为流动控制提供理论基础。目前，在工作站和高档 PC 机上已经可以开展LES 工作，同时 LES 方法也是目前 CFD 研究和应用的热点之一，如航空航天领域的燃烧室问题研究、绕流体流场模拟等。

4.2.2.3　RANS 方法

虽然瞬态的 Navier-Stokes 方程可以用于描述湍流，但 Navier-Stokes 方程的非线性使得采用解析法精确描述三维瞬态问题非常困难，即使能真正获得这些细节，对于解决实际问题也没有太大意义。因为从工程应用来看，最为重要的是湍流引起的时均流场的变化是一个整体的效果。因此，很自然地想到求解时均化的Navier-Stokes方程，并将瞬态的脉动量通过某种模型在时均化的方程中体现，由此产生了RANS方法。RANS方法的核心是不直接求解瞬态的Navier-Stokes方程，而是求解时均化的雷诺方程，这样，不仅可以避免DNS方法计算量大的问题，而且对于工程实际应用可以取得很好的效果。RANS方法是目前使用最为广泛的湍流数值模拟方法。

由于Navier-Stokes方程中含有与湍流脉动值相关的雷诺应力项，且是一个新的未知量。因此，要使方程组封闭，必须对雷诺应力项作出假设，即建立应力的表达式（或引入新的湍流模型方程），通过这些表达式或湍流模型，把湍流的脉动值与时均值联系起来。

根据对雷诺应力做出的假设或处理方式不同，目前常用的湍流模型可分为雷诺应力模型和涡黏性模型两大类。

A 雷诺应力模型

在雷诺应力模型方法中，一般直接构建雷诺应力方程，通常为微分形式，称为雷诺应力方程模型（RSM）。如果将微分形式转化为代数方程形式，则称为代数应力方程模型（algebraic stress equation model，ASM）。

雷诺应力模型已广泛应用于均匀湍流、自由射流、近壁射流、尾流、二维和三维管流等湍流中。一般而言，预测的平均流速分布和雷诺应力分布与实测值比较符合，尤其是预测边壁射流中的边壁效应（包括曲率效应和二次流）更为有效。但对于轴对称射流和圆盘后尾流，预测的结果并不理想；另外，在固体表面附近，由于分子黏性作用，湍流脉动受到阻尼，雷诺数很小，上述方法不再适用。

B 涡黏性模型

在涡黏性模型方法中，通常不直接处理雷诺应力项，而是引入湍流黏度（或称涡黏性系数），然后将湍流应力表示成湍流黏度的函数，整个计算的关键在于确定湍流黏度。

湍流黏度的提出来源于Boussinesq提出的涡黏性的假设，该假设建立了雷诺应力与时均速度梯度的关系。当引入Boussinesq假设后，湍流数值模拟的关键在于如何确定湍流黏度，而涡黏性模型，就是将湍流黏度与湍流时均参数联系起来的一种关系式。根据用来确定湍流黏度的微分方程个数，涡黏性模型可以分为零方程模型、一方程模型和二方程模型。目前，二方程模型在工程中应用最为广泛，最基本的二方程模型为标准k-ε模型，即分别引入关于湍动能k和耗散率ε的方程。此外，还有各种改进的k-ε模型，比如RNG k-ε模型和Realizable k-ε模型。

a 零方程模型

所谓零方程模型，是指不采用微分方程，而采用代数关系式，把湍流黏度与时均值联系起来的模型。零方程模型采用湍流时均连续性方程和 Reynolds 方程组成方程组，并采用平均速度场的局部速度梯度来表示方程中的 Reynolds 应力。

零方程模型方案有多种，最著名的有 Prandtl 提出的混合长度模型。混合长度模型具有直观、简单的特点，对于射流、混合层、扰动和边界层等带有薄的剪切层的流动效果较好。由于混合长度的确定只能针对简单流动，不适用于复杂流动，而且不适用于带分离及回流的流动，因此，零方程模型在实际工程中很少应用。

b　一方程模型

在零方程模型中，湍流黏度和混合长度都是将 Reynolds 应力和当地时均速度梯度联系起来，是一种局部平衡的概念，忽略了对流和扩散的影响。为了弥补混合长度模型的局限性，故在湍流的时均连续方程和 Reynolds 方程的基础上，再建立一个湍动能 k 的输运方程，并将湍流黏度表示成湍动能 k 的函数，使方程组封闭，即一方程模型。一方程模型主要为 Spalart-Allmaras（S-A）模型。

S-A 模型是一种低耗的求解关于改进的涡黏输运方程的 RANS 模型，是专门为航空领域应用设计的，适用于空气动力学/涡轮机，比如机翼上的超音速/跨音速流动、边界层流动等，对于有壁面边界空气动力学流动应用较好，在有逆压梯度的情况下给出了较好的结果；对流动尺度变换较大的流动不太合适（平板射流、自由剪切流）。

S-A 模型相对于二方程模型计算量小、稳定性好，计算网格在壁面的加密程度与零方程模型有同等的量级。另外，由于模型的"当地"型，在有多物面的复杂流场计算中不需要特殊处理[4]。

一方程模型考虑了湍流的对流输运和扩散输运，因而比零方程模型更为合理。然而，一方程模型中的特征长度如何确定仍为不易解决的问题，因此，很难在实际中得到推广和应用。

c　二方程模型

目前应用较广泛的二方程模型有标准 k-ε 模型、RNG k-ε 模型和 Realizable k-ε 模型[5]。

标准 k-ε 模型为典型的二方程模型，它是在一方程模型的基础上，再引入一个关于湍流耗散率 ε 的方程后形成的，是目前应用最为广泛的湍流模型。采用标准 k-ε 模型求解流动及换热问题时，控制方程包括连续性方程（式（2.1））、动量方程（式（2.5））、能量方程（式（2.13））、k 方程（式（2.28））、ε 方程（式（2.29））。如果不考虑热交换，只是单纯的流动问题，则不需要能量方程；如果需要考虑传质或化学反应，则还应增加组分方程。

标准 k-ε 模型是目前应用最广泛的两方程湍流模型。大量的工程应用实践表明，该模型可以计算比较复杂的湍流，比如它可以较好地预测无浮力的平面射流、平壁边界层流动、管流、通道流动和喷管内的流动。

对于标准 $k\text{-}\varepsilon$ 模型的适用性，说明如下：

（1）模型中有关系数的取值，主要根据一些实验结果来确定；虽然系数具有广泛的适用性，但也不能对其适用性估计过高，需要在数值计算过程中针对特定的问题，参考相关文献寻找更为合理的取值。

（2）本节所给出的标准 $k\text{-}\varepsilon$ 模型，是针对发展非常充分的湍流流动建立的，也就是说，它是一种针对高 Re 的湍流模型。而当 Re 较低时，例如，近壁区内的流动，湍流发展并不充分，湍流的脉动影响可能不及分子黏性的影响，而更贴近壁面的底层内，流动可能处于层流状态。因此，针对 Re 较低的流动采用标准 $k\text{-}\varepsilon$ 模型可能出现问题，需要进行特殊处理，以解决近壁区内的流动及低 Re 的流动问题。常用的解决方法有两种：一种为采用壁面函数法，另一种为采用低 Re 的 $k\text{-}\varepsilon$ 模型。

（3）标准 $k\text{-}\varepsilon$ 模型比零方程模型和一方程模型有了很大的改进，在科学研究及工程实际中得到了最为广泛的应用，但对于强旋流、弯曲壁面流动或弯曲流线流动，会产生一定程度的失真。这是因为在标准 $k\text{-}\varepsilon$ 模型中，对于雷诺应力的各个分量，其假定湍流黏度为各向同性的标量。而对于流线弯曲的情况，湍流为各向异性，湍流黏度应为各向异性的张量。

为了弥补标准 $k\text{-}\varepsilon$ 模型的不足，许多学者提出了标准 $k\text{-}\varepsilon$ 模型的改进方案，其中应用较为广泛的改进方案有 RNG $k\text{-}\varepsilon$ 模型和 Realizable $k\text{-}\varepsilon$ 模型。

在 RNG $k\text{-}\varepsilon$ 模型中，k 方程和 ε 模型与标准 $k\text{-}\varepsilon$ 模型非常相似，与标准 $k\text{-}\varepsilon$ 模型进行对比，可以发现 RNG $k\text{-}\varepsilon$ 模型主要在以下两方面进行了改进：

（1）通过对湍流黏度进行修正，考虑了流动中的旋转及旋流流动的影响；

（2）在 ε 方程中增加了主流时均应变率，使得 RNG $k\text{-}\varepsilon$ 模型中的产生项不仅与流动情况有关，而且是空间坐标的函数。

以上两点使得 RNG $k\text{-}\varepsilon$ 模型可以更好地处理高应变率及流线弯曲程度较大的流动。

另外，需要注意的是，RNG $k\text{-}\varepsilon$ 模型仍旧对充分发展的湍流有效，即为高 Re 的湍流模型，而对近壁区内的流动及 Re 较低的流动，必须采用壁面函数法或低 Re $k\text{-}\varepsilon$ 模型来处理。

RNG $k\text{-}\varepsilon$ 模型在预测浮力影响、强旋流、高剪切率、低雷诺影响等方面都较为准确，且对大多数工业流动问题能够提供良好的特性和物理现象预测；能模拟射流撞击、分离流、二次流、旋流等中等复杂流动，但是受到涡旋黏性各向同性假设限制；对更复杂的剪切流来说表现更好，比如剪切流、旋涡和分离流。

研究表明，标准 $k\text{-}\varepsilon$ 模型应用于时均应变率特别大的情况时，可能导致负的正应力。为使流动符合湍流流动的规律，需要对正应力进行某种数学约束。为保证这种约束的实现，有学者认为湍流黏度计算式中的系数 C_μ 不应为常数，而应与应变率联系起来，从而提出了 Realizable k-ε 模型中关于 k 和 ε 的输运方程[5]。

与标准 k-ε 模型进行对比，Realizable k-ε 模型的主要改进如下：

（1）湍流黏度计算式发生了变化，引入了与旋转和曲率有关的内容；

（2）ε 方程中的产生项不再含有 k 方程中的产生项 G_k；

（3）ε 方程中的倒数第二项不具有任何奇异性，即使 k 值很小或为零，分母也不会为零。这与标准 k-ε 模型和 RNG k-ε 模型存在较大区别。

Realizable k-ε 模型已经有效应用于各种类型的流动模拟，包括旋转剪切流、含有射流和混合流的自由流、管内流动、边界层流动以及分离流动等。

4.3 网 格 基 础

目前常规的流体计算软件都使用了计算网格，其主要思想在于将空间连续的计算区域分割成足够小的计算区域，然后在每一计算区域上应用流体控制方程，求解计算所有区域的流体计算方程，最终获得整个计算区域上的物理量分布。

网格是 CFD 模型的几何表达形式，也是模拟与分析的载体。网格质量对 CFD 的计算精度和计算效率具有重要影响。对于复杂的 CFD 问题，网格生成极为耗时，且极易出错，网格划分所需的时间常常大于实际 CFD 计算的时间。因此，有必要对网格生成技术给予足够的重视。

4.3.1 网格术语

计算网格是一个比较抽象的概念，为便于理解，需要对网格的基本术语有必要的了解。下面结合图 4.3 对计算网格划分中经常遇到的术语做一说明。

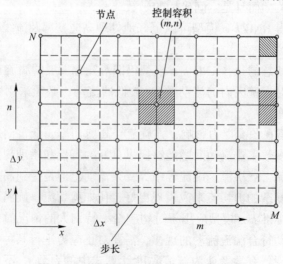

图 4.3 二维问题的有限体积法计算网格

节点：需要求解的未知物理量的几何位置，固体计算中常用 nodes 标识，流体计算常用 vertices 表示。

网格线：沿坐标轴方向连接相邻两节点而形成的曲线簇。

控制体：也称网格（cell、grid、mesh）、控制容积（control volume）或元体（element），通常是计算域离散后形成的封闭体积，如图中（m，n）节点代表的区域为由相邻两节点连线的中垂线围成的封闭空间。

界面：规定了与各节点相对应的控制容积的分界面的位置。

步长：相邻两节点之间的距离。

4.3.2 网格类型

网格分为结构网格和非结构网格两大类[3]。结构网格在拓扑结构上相当于矩形域内的均匀网格，其节点定义在每一层的网格线上，且每一层上节点数都是相等的，这样使复杂外形的贴体网格生成比较困难。结构化网格中节点排列有序、邻点间的关系明确，图 4.4 所示即为结构网格的示例。对于复杂的几何区域，结构网格通常分块构造，这就形成了块结构网格，图 4.5 所示即为块结构网格的示例。

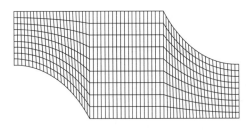
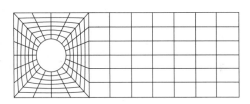

图 4.4 结构网格示例   图 4.5 块结构网格示例

与结构网格不同，非结构网格没有规则的拓扑结构，没有层的概念，网格节点的分布是随意的，因此具有灵活性；缺点是非结构网格计算时需要较大的内存，对计算机要求较高。在非结构网格中，节点的位置无法用一个固定的法则予以有序的命名，图 4.6 所示为非结构网格的示例。非结构网格虽然生成过程比较复杂，但有着极好的适应性，尤其对于具有复杂边界的流场计算问题特别有效。非结构网格的生成比较复杂，一般通过专门的程序或软件来生成。因此，这里不讨论非结构网格的生成方法，对此感兴趣的读者，可参考有关非结构网格生成的专门文献。

单元是构成网格的基本要素。在结构网格中，常用的二维网格单元为四边形单元，三维网格单元为六面体单元。而在非结构网格中，常用的二维网格单元为

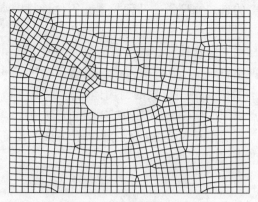

图 4.6 非结构网格示例

三角形单元，三维网格单元有四面体单元和五面体单元，其中五面体单元还可以分为棱锥形（或楔形）单元和金字塔形单元等。图 4.7 和图 4.8 所示分别为常用的二维和三维网格单元。

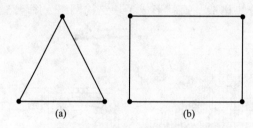

图 4.7 常用的二维网格单元
（a）三角形单元；（b）四边形单元

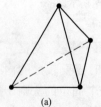
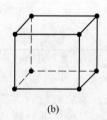
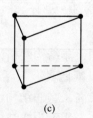
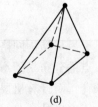

图 4.8 常用的三维网格单元
（a）四面体；（b）六面体；（c）五面体（棱锥）；（d）五面体（金字塔）

网格区域可分为单连域和多连域两类。所谓单连域，是指求解区域边界内不包括非求解区域的情形，单连域内的任一封闭曲线都能连续地收缩至一点而不越过其他边界；如果在求解区域内包含非求解区域，则称该求解区域为多连域。所有的绕流流动都属于典型的多连域问题，如机翼的绕流、透平机械内单个叶片或一组叶片的绕流等。

对于绕流问题的多连域网格，又可分为 O 形和 C 形两种。O 形网格像一个变形的圆，一圈一圈地包围着翼型，最外层网格线上可以取来流的条件，如图 4.9 所示；C 形网格则像一个变形的字母 C，围绕在翼型的外面，如图 4.10 所示。

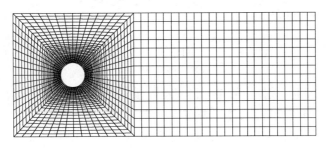

图 4.9　O 形网格

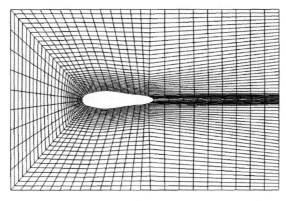

图 4.10　C 形网格

4.3.3　网格生成

无论是结构网格还是非结构网格，通常都需要按下列过程生成：

（1）建立几何模型。几何模型是网格和边界的载体。对于二维问题，几何模型为二维平面；对于三维问题，几何模型为三维实体。

（2）划分网格。在几何模型上应用特定的网格类型、网格单元和网格密度对面或者体进行划分，获得网格。

（3）指定边界区域。为几何模型的每个区域指定名称和类型，为后续给定物理属性、边界条件和初始条件奠定基础。

生成网格的关键在于上述过程中的步骤（2）。由于传统的 CFD 技术大多基于结构网格，因此目前针对结构网格具有多种成熟的生成技术，而非结构网格的生成技术更加复杂，这里不进行深入讨论。

4.3.4 网格度量

网格度量一般指网格的数量和网格的质量。

4.3.4.1 网格数量

2D 网格由网格节点、网格边及网格面组成；3D 网格由网格节点、网格边及单元体组成。

通常所说的网格数量指的是网格节点数量以及网格面（2D 网格）或网格体（3D 网格），网格数量对计算的影响主要体现在以下几个方面：

（1）网格数量越多，所需要的计算资源（内存、CPU、硬盘等）越大，计算时间越长。由于每次计算都需要读入网格数据，计算机需要开辟足够大的内存以存储这些数据，因此内存数量需求与网格数量成正比。同时计算时需要对每一计算单元进行求解，故 CPU 计算时间也与网格数量成正比。由于数值计算求解器需要将计算结果写入硬盘中，网格数量越大，则需要写入的数据量也越大。

（2）并非网格数量越多，计算越精确。对于物理量变化剧烈区域采用局部网格加密可以提高该区域计算精度，但对于一些非敏感区域提高网格密度并不能显著提高计算精度，却会显著增加计算强度。因此，在网格划分过程中，需要有目的地增加局部网格密度，而不是对整体进行加密，同时需要进行网格独立性验证。

（3）影响计算收敛性的因素是网格质量，而不是网格数量。对于一些瞬态计算，时间步长与网格尺寸有关系，小的网格尺寸意味着需要更加细密的时间步长。

4.3.4.2 网格质量

对于网格而言，网格数量是一个重要的评价指标，其直接影响到计算资源的需求。然而还有一个更重要的度量指标，那就是网格质量。

网格质量会影响到计算精度以及计算收敛性，而且不同类型的网格，其质量评价方式有很大区别。常用的网格质量评价指标包括：

（1）长宽比。常用于四边形或六面体网格质量评价。

（2）歪斜率。常用于三角形、四面体等非结构网格质量评价。

（3）翘曲度。各种网格类型均适用。

（4）正交性。常用于四边形或六面体类型网格质量评价。

（5）最大角度。可用于各类网格。

不同网格生成软件采用的网格质量度量指标也有较大差异，此处就不再赘述。

4.4 CFD 软件的结构

CFD 的实际求解过程比较复杂，为方便用户使用 CFD 软件处理不同类型的工程问题，CFD 软件通常将复杂的 CFD 过程集成，通过一定的接口，让用户快速地输入问题的有关参数。所有的 CFD 软件均包括 3 个基本环节：前处理、求解和后处理。与之对应的程序模块常常称前处理器、求解器、后处理器。本节主要介绍 CFD 软件的结构。

4.4.1 前处理器

前处理器用于完成前处理工作。前处理环节是向 CFD 软件输入所求解问题的相关数据，该过程一般是借助与求解器对应的对话框等图形界面来完成的。在前处理阶段，需要用户进行以下工作：

（1）定义所求问题的几何计算域；

（2）将计算域划分成多个互不重叠的子区域，形成由单元组成的网格；

（3）对所要研究的物理和化学现象进行抽象，选择相应的控制程序；

（4）定义流体的属性参数；

（5）为计算域边界处的单元指定边界条件；

（6）对瞬态问题，指定初始条件。

流动问题的解是在单元内部的节点上定义的，解的精度由网格中单元的数量决定。一般而言，单元越多、尺寸越小，所得到的解的精度越高，但所需要的计算机内存资源及 CPU 时间也相应增加。为了提高计算精度，在物理量梯度较大的区域，以及我们感兴趣的区域，往往要加密网格。在前处理阶段生成计算网格时，关键是要把握好计算精度与计算成本之间的平衡。

目前在使用商用 CFD 软件进行 CFD 计算时，有超过 50% 的时间花在几何区域的定义及计算网格的生成上。可以使用 CFD 软件自身的前处理器来生成几何模型，也可以借用其他商用 CFD 软件或 CAD/CAE 软件（比如 AUTOCAD、ICEM、I-deas、Unigraphics、SolidWorks、Pro/E、PATRAN、ANSYS）提供的几何模型。此外，指定流体的属性参数也是前处理阶段的任务之一。

4.4.2 求解器

求解器的核心是数值求解方案。常用的数值求解方案包括有限差分法、有限元法、谱方法和有限体积法。总体上讲，这些求解方法的求解过程大致相同，包括以下步骤：

（1）借助简单函数来近似待求的流动变量；

(2) 将该近似关系式代入连续性的控制方程中，形成离散方程组；

(3) 求解代数方程组。

各种数值求解方案的主要差别在于场变量被近似的方式及相应的离散化过程，目前商用 CFD 软件广泛采用的方法为有限体积法。

4.4.3 后处理器

后处理器的目的是有效地观察和分析流动计算结果。随着计算机图形功能的提高，目前的 CFD 软件均配备了后处理器，提供较为完善的后处理功能，包括：

(1) 计算域的几何模型及网格显示；

(2) 矢量图（如速度矢量线）；

(3) 等值线图；

(4) 填充型的等值线图（云图）；

(5) X、Y 散点图；

(6) 粒子轨迹图；

(7) 图像处理功能（平移、缩放、旋转等）。

借助后处理功能，还可以动态模拟流动效果，直观了解 CFD 的计算结果。

4.5 ANSYS Fluent 模拟

ANSYS Fluent 是一款通用 CFD 软件，包含了流体仿真的全部过程。有顶级流体网格生成工具 ICEM CFD、旋转机械网格生成工具 TurboGrid、强大的通用 CFD 求解器 Fluent 及 CFX、模塑成型 CFD 仿真工具 Polyflow，以及后处理工具 CFD-Post。

4.5.1 ICEM CFD 前处理器

ICEM CFD 是一个高度智能化的高质量网格生成软件，其具有两大主要特色：先进的网格剖分技术及一劳永逸的 CAD 模型处理技术[2]。

4.5.1.1 先进的网格剖分技术

在 CFD 计算中，网格质量及网格数量直接影响计算精度与计算速度。ICEM CFD 强大的网格划分功能可满足 CFD 计算对网格的严格要求：边界层自动加密、流场变化剧烈区域局部网格加密、高质量的全六面体网格、复杂空间的混合网格划分等。主要优势包括：

(1) 采用映射技术的六面体网格划分功能。通过雕塑方法在拓扑空间进行网格划分，然后自动映射至物理空间，可以在任意形状的模型中剖分出六面体网格。

（2）映射技术自动修补几何表面的裂缝和空洞，从而生成光滑的贴体网格。

（3）采用独特"O"形网格生成技术来生成六面体边界层网格。

（4）网格质量检查功能可以轻松检查、标识出质量差的单元，利用"网格光滑"功能可以对已有网格进行均匀化处理，从而提高网格质量。

（5）ICEM CFD 提供了强大的网格编辑功能，可以对已有的网格进行编辑处理，如转化单元类型。

（6）ICEM CFD 提供了良好的脚本运行机制，可以通过录制脚本方便地实现命令流自动处理。

4.5.1.2 一劳永逸的 CAD 模型处理工具

ICEM CFD 处理除提供自身的几何建模工具外，它的网格生成工具也可以集成在 CAD 环境中。用户可以在自己的 CAD 系统中进行 ICEM CFD 的网格划分设置，如在 CAD 系统中选择面、线，并分配网格大小属性等，这些数据可存储在 CAD 的原始数据库中，用户在对几何模型进行修改时也不会丢失相关的 ICEM CFD 设置信息。另外，CAD 软件中的参数化几何造型可与 ICEM CFD 中的网格生成及网格优化等模型通过直接接口连接，大大缩短了几何模型变化之后网格的再生时间。该直接接口适用于多数主流 CAD 系统，如 UG NX、Creo、CATIA、SolidEdge、SolidWorks 等。

ICEM CFD 的几何模型工具的另一特色是其方便的模型清理功能。CAD 软件生成的模型通常包含所有细节，甚至还有粗糙的建模过程形成的不完整曲面等。这些特征给网格剖分过程带来了巨大挑战，ICEM CFD 提供的清理工具可以轻松处理这些问题。

4.5.2 ANSYS Fluent 求解器

Fluent 是 ANSYS CFD 的核心求解器，其拥有广泛的用户群。Fluent 的主要特点和优势如下[6,7]。

4.5.2.1 湍流和噪声模型

Fluent 的湍流模型一直处于商业 CFD 软件的前沿，它提供的丰富的湍流模型中有经常使用到的湍流模型，针对强旋流和各相异性流的雷诺应力模型等，随着计算机能力的显著提高，Fluent 已经将大涡模拟纳入其标准模块，并且开发了更加高效的分离涡模型（detached-eddy simulation，DES），Fluent 提供的壁面函数和加强壁面处理的方法可以很好地处理壁面附近的流动问题。

气动声学在很多工业领域中备受关注，模拟起来却相当困难，如今，使用 Fluent 可以有多重方法计算由非稳态压力脉冲引起的噪声，瞬态大涡模拟预测的表面压力可以使用 Fluent 内嵌的快速傅里叶变换（fast Fourier transform，FFT）工具转换成频谱。Ffowcs Williams & Hawkings（FW-H）声学模型可以用于模拟从非流线型实体到旋转风机叶片等各式各样的噪声源的传播，宽带噪声源模型允许在稳态结果的基础上进行模拟，这是一个快速评估设计是否需要改进的非常实用的工具。

4.5.2.2　动网格和运动网格

内燃气、阀门、弹体投放和火箭发射都是包含有运动部件的例子，Fluent 提供的动网格模型可满足这些具有挑战性的应用需求。它提供了集中网格重构方案，可根据需要用于同一模型中的不同运动部件，仅需要定义初始网格和运动边界。动网格与 Fluent 提供的其他模型如雾化模型、燃烧模型、多相流模型、自由表面预测模型和可压缩流模型相兼容。搅拌槽、泵、涡轮机械中的周期性运动可以使用 Fluent 中的动网格模型（moving mesh）进行模拟，滑移网格和多参考坐标系模型被证实非常可靠，并和其他模型如 LES 模型、化学反应模型和多相流等有很好的兼容性。

4.5.2.3　传热、相变、辐射模型

许多流体流动伴随传热现象，Fluent 提供了一系列应用广泛的对流、热传导及辐射模型。对于热辐射，P1 和 Rossland 模型适用于介质光学厚度较大的环境，基于角系数的 Surface to Surface 模型适用于介质不参与辐射的情况，DO 模型（discrete ordinates）适用于包括玻璃在内的任何介质。太阳辐射模型使用光线追踪算法，包含了一个光照计算器，它允许光照和阴影面积的可视化，这使得气候控制的模拟更加有意义。

其他与传热紧密相关的有汽蚀模型、可压缩流体模型、热交换器模型、壳导热模型、真实气体模型和湿蒸汽模型。相变模型可以追踪分析流体的融化和凝固。离散相模型（discrete phase model，DPM）可用于液滴和湿粒子的蒸发及煤的液化。易懂的附加源项和完备的热边界条件使得 Fluent 的传热模型成为可满足各种模拟需要的成熟且可靠的工具。

4.5.2.4　化学反应模型

化学反应模型，尤其是湍流状态下的化学反应模型在 Fluent 软件中自其诞生以来一直占有重要的地位。多年来，Fluent 强大的化学反应模拟能力帮助工程师完成了对各种复杂燃烧过程的模拟。涡耗散概念模型、PDF 输运方程模型以及有限速率化学反应模型已经加入了 Fluent 的主要模型中。预测 NO_x 生成的模型也被广泛地应用与定制。

许多工业应用中涉及发生在固体表面的化学反应，Fluent 表面反应模型可以用来分析气体和表面组分之间的化学反应及不同表面组分之间的化学反应，以确保表面沉积和蚀刻现象被准确预测。对催化转化、气体重整、污染物控制装置及半导体制造等的模拟都受益于这一技术。

Fluent 的化学反应模型可以和大涡模拟及分离涡湍流模型联合使用，这些非稳态湍流模型耦合到化学反应模型中，就有可能预测火焰稳定性及燃尽特性。

4.5.2.5 多相流模型

自然界和工程问题中会遇到大量的多相流动。物质一般具有气态、液态和固态三相，但是多相流系统中相的概念具有更为广泛的意义。在多相流动中，所谓的"相"可以定义为具有相同类别的物质，该类物质在所处的流动中具有特定的惯性响应并与流场相互作用。比如说，相同材料的固体物质颗粒如果具有不同尺寸，就可以把它们看成不同的相，因为相同尺寸粒子的集合对流场有相似的动力学响应。

多相流主要分成四类：

（1）气-液或液-液两相流。

1）气泡流动：连续流体中的气泡或者液泡。

2）液滴流动：连续气体中的离散流体液滴。

3）活塞流动：在连续流体中的大的气泡。

4）分层自由面流动：由明显的分界面隔开的非混合流体流动。

（2）气-固两相流。

1）充满粒子的流动：连续气体流动中有离散的固体粒子。

2）气动输运：流动模式依赖诸如固体载荷、雷诺数和粒子属性等因素。最典型的模式有沙子的流动、泥浆流、填充床，以及各向同性流。

3）流化床：由一个盛有粒子的竖直圆筒构成，气体从一个分散器导入筒内。从床底不断充入的气体使得颗粒得以悬浮。改变气体的流量，就会有气泡不断地出现并穿过整个容器，从而使得颗粒在床内得到充分混合。

（3）液-固两相流。

1）泥浆流：流体中的颗粒输运。液-固两相流的基本特征不同于液体中固体颗粒的流动。在泥浆流中，Stokes 数通常小于 1。当 Stokes 数大于 1 时，流动成为流化（fluidization）了的液-固流动。

2）水力运输：在连续流体中密布着固体颗粒。

3）沉降运动：在有一定高度的盛有液体的容器内，初始时刻均匀散布着颗粒物质。随后，流体将会分层，在容器底部因为颗粒的不断沉降并堆积形成了淤积层，在顶部出现澄清层，里面没有颗粒物质；中间则是沉降层，那里的粒子仍然在沉降；在澄清层和沉降层中间，是一个清晰可辨的交界面。

（4）三相流。

颗粒、气、液同时存在的混合流，如泥浆气泡柱和喷淋层问题。

目前，多相流数值计算主要有欧拉-欧拉方法和欧拉-拉格朗日方法。其中，欧拉-欧拉方法有 VOF 模型、混合物（mixture）模型、欧拉（Euler）模型。

1）欧拉-欧拉方法。

VOF 模型：VOF 模型是一种在固定的欧拉网格下的表面跟踪方法。当需要得到一种或多种互不相溶流体间的交界面时，可以采用这种模型。在 VOF 模型中，不同的流体组分共用一套动量方程，计算时在整个流场的每个计算单元内，都记录下各流体组分所占有的体积率。VOF 模型的应用包括分层流、自由面流动、灌注、晃动、液体中大气泡的流动、水坝决堤时的水流、对射流破碎（jet breakup）表面张力的预测，以及求得任意液-气分界面的稳态或瞬时分界面。

混合物模型：混合物模型可用于两相流或多相流（流体或颗粒）。因为在欧拉模型中，各相被处理为互相贯通的连续体，混合物模型求解的是混合物的动量方程，并通过相对速度来描述离散相。混合物模型的应用包括低负载的粒子负载流、气泡流、沉降，以及旋风分离器。混合物模型也可用于没有离散相相对速度的均匀多相流。

欧拉模型：欧拉模型是 Fluent 中最复杂的多相流模型。它建立了一套包含有 n 个的动量方程和连续方程来求解每一相。压力项和各界面交换系数是耦合在一起的。耦合的方式依赖于所含相的情况，颗粒流（流-固）的处理与非颗粒流（流-流）是不同的。对于颗粒流，可应用分子运动理论求得流动特性。不同相之间的动量交换也依赖于混合物的类别。通过 Fluent 的用户自定义函数（user defined functions，UDF），可以自己定义动量交换的计算方式。欧拉模型的应用包括气泡柱、上浮、颗粒悬浮和流化床。

2）欧拉-拉格朗日（Lagrange）方法。

除了求解连续相的输运方程外，Fluent 还可以在拉格朗日坐标系下模拟流场中离散的第二相。第二相由分散在连续相中的球形颗粒（可以看作是液滴或气泡）组成。Fluent 计算这些颗粒的轨道以及由颗粒引起的热量/质量传递。相间耦合以及耦合结果对离散相轨道、连续相流动的影响均可考虑进去。

Fluent 提供的离散相模型选择如下：

（1）对稳态与非稳态流动，可以应用拉格朗日公式考虑离散相的惯性、曳力、重力；

（2）连续相中湍流涡旋对颗粒分散的影响的预测；

（3）离散相的加热/冷却；

（4）液滴的蒸发与沸腾；

（5）颗粒燃烧模型，包括挥发分析出以及焦炭燃烧模型（因而可以模拟煤粉燃烧）；

（6）连续相与离散相间的耦合；

（7）液滴的破碎与聚并。

应用上述模型，Fluent 可以模拟各种涉及离散相的问题，如颗粒分离与分类、喷雾干燥、气溶胶扩散过程、液体燃料的燃烧以及煤粉燃烧等。

4.5.2.6 定制工具

用户自定义函数在用户定制 Fluent 时很受欢迎。功能强大的资料库和大量的指南提供了全方位的技术支持。

4.5.2.7 子模块

（1）FloWizard：为产品设计提供快速流动模拟。FloWizard 软件是以设计产品或工艺为目的的快速流体建模软件。

（2）Icepak：电子产品散热分析软件。能够对电子产品的传热或流动进行模拟。Icepak 采用的是 Fluent 求解器，该软件是基于 Fluent 的行业定制软件，嵌入的各类电子器件子模型能大大加快仿真人员的建模过程，自动化的网格划分以及高效的求解器能够满足电子散热仿真的需求。

（3）Airpak：HVAC 领域工程师的专业人工环境系统分析软件。Airpak 可以精确地模拟所研究对象内的空气流动、传热和污染等物理现象，并依照 ISO 7730 标准提供舒适度、PMV、PPD 等衡量室内空气质量（indoor air quality，IAQ）的技术指标，从而减少设计成本，降低设计风险，缩短设计周期。Airpak 软件的应用领域包括建筑、汽车、楼宇、化学、环境、加工、采矿、造纸、石油、制药、电站、办公、半导体、运输等行业。

4.5.3 ANSYS CFX 求解器

ANSYS CFX 是全球第一款通过 ISO 9001 质量认证的大型商业 CFD 软件，目前 ANSYS CFX 已普遍应用于航空航天、旋转机械、能源、石油化工、机械制造、汽车、生物技术、水处理、火灾安全、冶金、环保等领域。其主要特点包括：

（1）精确的数值方法。目前绝大多数商业 CFD 软件采用的均是有限体积法，然而 CFX 采用的是基于有限元的有限体积法。该方法在保证有限体积法的守恒特性基础上，吸收了有限元法的数值精确性。其中，基于有限元法的有限体积法，对六面体网格使用 24 点积分，而单纯的有限体积法仅采用 6 点积分；基于有限元法的有限体积法，对四面体网格采用 60 点积分，而单纯的有限体积法仅采用 4 点积分。

ANSYS CFX 是全球第一个发展和使用全隐式多网格耦合求解技术的商业 CFD 软件，此方法克服了传统分离算法所要求的"假设压力项—求解—修正压力项"的反复迭代过程，而是同时求解动量方程和连续方程，该方法能有效提高计算稳定性和收敛性。

（2）湍流模型。绝大多数工业流动都是湍流流动。因此，ANSYS CFX 一直致力于提供先进的湍流模型以准确有效地捕捉湍流效应。除了常用的 RANS 模型（如 $k\text{-}\varepsilon$、$k\text{-}\omega$、SST 及雷诺应力模型）及 LES 与 DES 模型外，ANSYS CFX 提供了更多的改进的湍流模型。这些改进模型包括能捕捉流线曲率效应的 SST 模型、层流-湍流转捩模型、SAS（scale-adaptive simulation）模型等。

（3）旋转机械。ANSYS CFX 提供了旋转机械模块，能够帮助用户方便地对旋转机械进行分析计算。旋转机械仿真模拟在精度、速度及稳健性方面均有较高的要求，通过 ANSYS CFX 专为旋转机械定制的前后处理环境，利用一套完整的模型捕捉转子与定子之间的相互作用，可完全满足旋转机械流体动力学分析的需求。利用 BladeModeler 与 TurboGrid 模块，能够满足旋转机械设计分析过程中的几何模型构建与网格划分工作。

（4）多相流。ANSYS CFX 可以模拟仿真多组分流动、气泡、液滴、粒子及自由表面流动。拉格朗日粒子输运模型允许求解计算在连续相内一个或多个离散粒子或液滴相。瞬态粒子追踪模型可以模拟火焰扑灭过程、粒子沉降和喷雾等。粒子破碎模型可以模拟液体颗粒雾化，捕捉粒子在外力作用下的破碎过程，并考虑相间的作用力。壁面液膜模型可以考虑颗粒在高温（低温）壁面的反弹、滑移和破碎等现象。欧拉多相流模型可以很好地模拟相间动量、能量和质量传输，而且 CFX 中包含丰富的曳力模型和非曳力模型，全隐式耦合算法对于求解相变导致的汽蚀、蒸发、凝固、沸腾等问题具有很好的健壮性。MUSIG 多尺度颗粒模型可以模拟颗粒在多分散相流动中的破碎与汇聚行为。利用粒子动力学理论和考虑固体相之间的作用，可以模拟流化床内的流动。

（5）传热及辐射。ANSYS CFX 不仅能够求解流体流动中的能量对流传输，还可以提供共轭热传递（conjugate heat transfer，CHT）模型求解计算固体内部的热传导；同时 CFX 还集成了大量的模型捕捉各类固体与流体间的辐射传热，且这些固体和流体材料可以是完全透明、半透明或不透明。

（6）燃烧。不论是燃气轮机燃烧设计、汽车发动机燃烧模拟、炉膛内煤粉燃烧还是火灾模拟，CFX 都提供了丰富的物理模型来模拟流动中的燃烧机化学反应问题。CFX 涵盖了从层流到湍流、从快速化学反应至慢速化学反应、从预混燃烧到非预混燃烧的问题。所有的组分作为一个耦合的系统求解。对于复杂的反应系统能够加速收敛。模型包括单步/多步涡破模型、有限速率化学反应模型、层流火焰燃烧模型、湍流火焰模型、部分预混 BVM 模型、修正的部分预混 ECM 模型、NO_x 模型、soot 模型、Zimont 模型、废气再循环 EGR 模型、自动点火模型、壁面火焰作用模型、火花塞点火模型等。

（7）流固耦合。ANSYS 结合流体力学和结构力学专业能力和技术可提供先进的功能模拟流体和固体间的相互作用。可以实现单向和双向 FSI 模拟，从问题建立到计算结果后处理可全部在 ANSYS Workbench 环境中完成。

（8）运动网格。当流体模型中包含有几何运动（如转子压缩机、齿轮泵、血液泵等）时，网格也要求具有运动。特别是在流固耦合计算中涉及固体在流体中的大变形或大位移运动时，ANSYS CFX 结合 ICEM CFD 可以实现外部网格重构功能，可以用于模拟特别复杂构型的动网格问题，这种运动可以是规律的运动，如气缸的活门运动，也可以是通过求解刚体八自由度运动的结果，配合 ANSYS CFX 的多构型（Multi-Configuration）模拟，可以很方便地处理如活塞封闭和便捷接触计算。而且对于螺杆泵、齿轮泵这类特殊的泵体运动，ANSYS CFX 还包含了独特的进入实体方法（immersed solids），不需要任何网格变形或重构，采用施加动量源项的方法就可模拟固体在流体中的任意运动。

4.5.4　CFD-Post 后处理器

预测流体的流动并不是 CFD 模拟的最终目标，还需要通过后处理从预测结果中受益，后处理能够增强对流体力学模拟结果的深入理解。ANSYS CFD-Post 软件是所有 ANSYS 流体动力学产品的通用后处理程序，能够实现流体动力学结果的可视化和分析的一切功能，包括生成可视化的图像、定量显示和计算数据的后处理能力，用以减缓重复工作的自动化操作，以及在批处理模式下运行的能力。CFD-Post 是 ANSYS CFD 的专用后处理器，其来源于 CFX-Post，具有强大的后处理功能，并在以下几方面具有独特优势：

（1）计算结果比较。CFD-Post 允许同时导入多个计算结果，特别适用于比较多个不同工况下的计算结果，能够以同步视图并行显示结果。另外，多个计算结果间的差异可以通过显示或度量的方式进行计算及分析。

（2）3D 图像。ANSYS CFD-Post 创建的所有图形都可以保存为标准的 2D 图像格式（如 Jpg 或 Png）。然而，在与现场工程人员交流时 2D 图像很难真实展示模拟结果，在这种情况下，ANSYS CFD-Post 技术提供了写入 3D 图形文件的能力，以允许任何人都可以自由地以 ANSYS 分发 3D 视图，这些 3D 视图可以很好地集成在 Microsoft PowerPoint 中。

（3）自定义报告。ANSYS CFD-Post 的每一个会话均包含了标准的报告生成模板。通过简单地选择或取消选择操作，用户可以很方便地决定报告中包含的内容，并自动以文本、图形、曲线、数据表等形式呈现。

（4）流动动画。不管是稳态计算还是瞬态计算，动画能够使 CFD 计算结果更加生动。在 ANSYS CFD-Post 中，可以很方便地定义动画，包括功能强大的逐帧设置以及将动画保存为高质量的 MPEG-4 输出格式。对于包含有大量图形特征及渲染特征的动画，ANSYS CFD-Post 也能够为使用者提供高密度压缩的视频文件。

(5) 计算器与表达式。在 ANSYS CFD-Post 中可以很方便地利用计算器功能实现感兴趣区域物理量的计算输出。利用表达式功能除了可以实现计算器能够实现的功能之外，还可以实现衍生物理量的计算输出。

4.6　CFD-DEM 耦合模拟

4.6.1　CFD-DEM 耦合方法

CFD-DEM 耦合方法的基本思路是通过 CFD 技术求解流场，使用 DEM 方法计算颗粒系统的运动受力情况，二者通过一定的模型进行质量、动量和能量等的传递，实现耦合。该方法的优势在于，不论流体还是颗粒都可选用适用于自身的数值方法进行模拟，将颗粒的形状、材料属性、粒径分布等都考虑进来，更准确地描述颗粒的运动情况及其与流场的相互影响[8]。

EDEM 软件可以和世界领先的 CFD 软件 Fluent 耦合，组成模拟固-液/气流的强有力工具，这样的耦合模拟可以解释颗粒群内接触的影响，包括颗粒尺寸的分布、颗粒形状、机械性质、颗粒表面特性，如凝聚等颗粒对流体流动的影响、固体填料的空间影响等；此外，更准确的热和质量传递模型可以分析颗粒与壁面相互作用、复杂几何结构、壁面附着和热传递等。

4.6.2　EDEM 软件介绍

EDEM 是世界上第一个用现代化离散单元法模拟、分析颗粒处理和生产操作的通用 CAE 软件。用户可以利用 EDEM 轻松快速地创建颗粒实体的参数化模型。为了反映出实际颗粒的形状，用户可以将 CAD 实体模型直接导入 EDEM，大大增加其仿真的准确性。此外，也可将力、材料和其他物理特征添加到 EDEM 中，形成颗粒模型[9]。

EDEM 使用离散单元法进行计算，基本思想是将介质看作由一系列离散的独立运动的单元所组成，利用牛顿第二定律建立每个单元的运动方程，并用显式中心差分法求解，整个介质的变形和演化由各单元的运动和相互位置来描述。在解决连续介质力学问题时，除了边界条件以外，还必须满足本构方程、平衡方程和变形协调方程 3 个方程。

EDEM 可以设定每个颗粒的属性及施加在颗粒上的力的信息。它能够将颗粒的各种形状考虑在内，而不是简单地假定所有颗粒都是球形。EDEM 为工程的后处理提供了数据分析、颗粒流的三维可视化和视频制作等功能。EDEM 的粒子工厂（EDEM's particle factory™）技术为生成颗粒集合提供了一种独特、高效的方法，机械集合体可以从 CAD 或 CAE 中以实体模型或网络模型的形式导入到 EDEM 中。机械零件可以划分为组，还可以分别设定每个组的动力参数。在 EDEM 中可以完成机械元件的组装，还可以设定每个部件的运动特性。

EDEM 可以结合主流的 CAE 工具软件进行颗粒系统与流体、机械结构及电磁场的耦合的模拟仿真。EDEM 是世界首款可以与 CFD 软件耦合的 EDEM 软件，可用于颗粒级的固-液相系统的建模。这种耦合使颗粒-颗粒、颗粒-壁的接触模型的建模变得复杂，但这种耦合对于研究散体系统行为来说是至关重要的。EDEM 还可以与 FEA 工具耦合，可以对施加在机器零件的载荷进行仿真分析，并将结果直接导出到所选的结构分析工具中。

EDEM-Fluent 耦合方案具有以下主要特点：（1）EDEM-Fluent 耦合计算时，EDEM 的耦合模块内置于 Fluent 软件中，两者无缝连接；（2）EDEM 自动读取 Fluent 中的网格；（3）EDEM 可以使用 Fluent 中离散相模型和欧拉多相流模型进行多相流耦合；（4）采用 EDEM 直接对颗粒运动进行模拟；（5）完全双向动力耦合。

EDEM 具有以下优点：（1）检查由颗粒尺度引起的操作问题；（2）减少对物理原型和试验的需求；（3）获取不易测量的颗粒尺度行为的信息；（4）确定颗粒流对流体或机器的影响。

EDEM 可应用于以下领域：（1）混合与分离；（2）收缩、断裂和凝聚；（3）颗粒的损伤以及磨损；（4）固-液流的条件；（5）机器部件对颗粒碰撞的力学反应；（6）腐蚀；（7）颗粒包装与表面处理；（8）热和质量传递；（9）化学反应动力学；（10）沉降和颗粒从固-液体系中的去除；（11）危险物料的处理；（12）干-湿固体压缩；（13）黏性和塑性力学；（14）胶体和玻璃体的行为。

4.6.3 EDEM 前处理器

EDEM 前处理工具（Creator）用来创建和初始化模型。利用 Creator 可对颗粒模型的形状与物理性质进行定义，如密度、泊松比及剪切模量等；建立机械模型，定义其动力学性质。EDEM 支持各种 CAD 文件的导入，如 CATIA、Pro/EN-GINEER 及 SolidWorks 等。通过粒子工厂技术可以定义颗粒的生成方式，包括颗粒产生的位置、速率等[9]。

4.6.4 EDEM 求解器

EDEM 的求解器（simulator）是仿真模型的求解模块。其基于先进的离散元方法，再结合各类碰撞模型，通过拉格朗日框架，离散求解系统的动力学方程、运动学方程以及本构方程。通过 Simulator 可以定义颗粒和机械相互作用的各种参数，如摩擦系数、恢复系数等。对于不同的仿真对象，必须选择相应的接触模型。常用的接触模型有以下 6 种：Hertz-Mindlin 无滑动接触模型、Hertz-Mindlin 黏结接触模型、线性黏附接触模型、运动表面接触模型、线弹性接触模型和摩擦电荷接触模型。通过 EDEM 应用程序编程接口（application programming interface，API），还可以任意添加和修改所需的接触力力学模型和力场。Simulator 支持动态时间步长和并行计算，可极大地缩短计算时间。

4.6.5　EDEM 后处理器

EDEM 后处理工具（Analyst）提供了丰富的仿真结果分析和判断工具，通过 Analyst 可对 Simulator 获得的结果进行加工处理，输出所需的数据，如与机器表面相互作用的颗粒几何的内部行为，颗粒系统组间碰撞的强度、频率、分布和每个颗粒的速度、位置以及受力等；可以确定颗粒系统的行为从而修改模型，以便朝希望的方向进行迭代。EDEM 既可以生成各种动画、图表等，也可以将所需要的结果导出成文件，以便对结果进行分析与处理。

4.7　OpenFOAM 模拟

OpenFOAM 是 open field operation and manipulation 的简称，是目前广泛应用的开源 CFD 软件，OpenFOAM 完全由 C++编写，在 Linux 下运行，是面向对象的计算流体力学（CFD）类库[10,11]。OpenFOAM 跟商用的 CFD 软件 ANSYS Fluent、CFX 类似，但其为开源的，采用类似于在软件中描述偏微分方程的有限体积离散化。OpenFOAM 支持多面体网格，因而可以处理复杂的几何外形，其自带的 Snappy HexMesh 可以快速高效地划分六面体+多面体网格，网格质量高。支持大型并行计算。目前针对 OpenFOAM 库的 GPU 运算优化也正在进行中。

OpenFOAM 具有以下功能和特点[12]：

（1）自动生成动网格；（2）拉格朗日粒子追踪及射流；（3）网格滑移，网格层增加/移除等；（4）各种各样的工具箱，包括各种 ODE 求解器、ChemKIN 接口等；（5）网格转换工具，可以转换多种网格形式为 FOAM 可以处理的网格形式；（6）支持多种网格接口。

OpenFOAM 具有以下几个优点：

（1）OpenFOAM 是最早利用 C++语言编写的科学软件包之一。

（2）利用 C++的运算符重载功能使顶层代码在对偏微分方程的描述上相对简单，可读性强，是一款非常适用于模型物理问题的编程语言。

（3）是最早采用多面体单元网格的通用 CFD 软件包，而这个功能得以实现是源于对模拟对象采用分层描述的自然结果。

（4）是目前发布的开源许可下的最强大的通用 CFD 软件包。

4.7.1 OpenFOAM 前处理器

OpenFOAM 的前处理主要包括网格的生成、物理参数的设定、初始边界条件的设定、求解控制设定、方程求解方法的选择、离散格式的选择。

（1）网格生成。OpenFOAM 带有自己的网格生成功能 BlockMesh，BlockMesh 可以生成块结构化网格，使用较为简单，但对于复杂几何体，该功能实施比较复杂。在 OpenFOAM 也可以采用其他网格软件，如 GRIDGEN、POINTWISE、ICEM CFD，TETGEN、GMESH 等生成网格，通过网格转换功能将其转换为 OpenFOAM 可识别的网格。

（2）物理参数的设定。在物理参数设定方面，可以对环境参数、重力加速度、非牛顿流体的黏性模型及其传输相关参数、大涡模型及其相关的模型参数、雷诺时均模型及其相关模型参数、热物理相关参数等进行设定。

（3）初始、边界条件的设定。OpenFOAM 中定义初始条件（initial condition，IC）包括找到域中初始条件的位置、确定初始条件类型、提供所需的物理信息。初始条件可以分为均匀的初始条件与非均匀的初始条件两类。

OpenFOAM 中定义边界条件涉及的操作包括查找边界条件在域中的位置、确定边界条件类型、提供所需的物理信息。边界条件主要分为三种：直接指定边界上待求物理变量值（Dirichlet 边界）；指定边界上物理量法向梯度（Neumann 边界）；既指定物理量的值，也指定梯度值（Robin 边界）。

（4）离散格式的选择。OpenFOAM 中离散格式包括插值格式、面梯度法向分量格式、梯度格式、散度格式、拉普拉斯格式、时间的一阶二阶微分格式等。

4.7.2 OpenFOAM 求解器

OpenFOAM 的标准求解器有基本求解器、不可压缩求解器、可压缩求解器、多相流求解器、直接模拟求解器、燃烧求解器、传热求解器、颗粒跟踪求解器、分子动力学模拟、电磁求解器、应力分析求解器等。

4.7.3 OpenFOAM 后处理器

OpenFOAM 推荐的后处理软件为 ParaView，ParaView 是一个开源可视化软件。下面对 OpenFOAM 的后处理进行介绍。

（1）ParaView/ParaFoam。ParaFoam 是由 OpenFOAM 提供的用来运行 ParaView 的插件，ParaView 以树状结构操作数据，用户可以对顶部的模块应用滤镜并创建子模块。在属性面板上包含时间步、区域、场设置等相关信息，可以根据需要进行选择。属性面板中包含了显示面板，其用于对一个给定的算例进行所需的可视化设置。ParaView 将菜单栏以及面板中的几个功能整合在一起并放置在工具栏中，可调整 View 得到需要的效果展示，方便使用。最后可以根据需要绘制云图、矢量图、流线图，输出图形以及动画。

（2）后处理。后处理主要包含数据再计算、提取（点提取、线提取）、算例控制以及运行时输入输出。后处理主要有计算后进行后处理和运行时进行处理两种方式。OpenFOAM 目前提供 3 种具体的后处理方式：每个求解器可以通过设置来进行运行时处理；通过 PostProcess 在运行结束进行后处理；通过每个求解器的命令参数 PostProcess 来进行，在这种情况下，只执行后处理命令而不进行算例求解。后处理主要包含的数值计算有场计算、流率计算、力以及力系数、提取制图、拉格朗日数据、监控极值等。

（3）监控数据。OpenFOAM 提供几个后处理函数用来监控数据。一些工具可以生成单一的文件，其包含关于时间步的列表数据。这些数据可以用于绘制图表。时间序列数据可以通过 FoamMonitor 脚本来监控。探针工具的基本原理是用户提供一系列的监控点，探针工具将输出的这些点的数据信息用 SingleGraph 函数提取，Surfaces 和 Streamlines 函数可用来生成可视化文件。在有些情况下，可使用 FoamMonitor 脚本在求解运行时对数据进行动态监控。

（4）第三方后处理。OpenFOAM 内置应用可以将 OpenFOAM 数据转换为其他软件的格式，用其他软件来进行后处理，比如 EnSight 等。

参 考 文 献

[1] 胡坤，胡婷婷，马海峰，等 . ANSYS CFD 入门指南——计算流体力学基础及应用 [M]. 北京：机械工业出版社，2018.

[2] 纪兵兵，张晓霞，古燕 . ANSYS ICEM CFD 基础教程与实例详解 [M]. 北京：机械工业出版社，2015.

[3] 张师帅 . CFD 技术原理与应用 [M]. 武汉：华中科技大学出版社，2016.

[4] 李万平 . 计算流体力学 [M]. 武昌：华中科技大学出版社，2007.

[5] 王福军 . 计算流体动力学分析 [M]. 北京：清华大学出版社，2004.

[6] 张凯，王瑞金，王刚 . Fluent 技术基础与应用实例 [M]. 北京：清华大学出版社，2010.

[7] 丁伟 . ANSYS Fluent 流体计算从入门到精通 [M]. 北京：机械工业出版社，2020.

[8] 胡国明 . 颗粒系统的离散元素法分析仿真——离散元素法的工业应用与 EDEM 软件简介 [M]. 武汉：武汉理工大学出版社，2010.

[9] 王国强，郝万军，王继新 . 离散单元法及其在 EDEM 上的实践 [M]. 西安：西北工业大学出版社，2010.

[10] 疏志勇 . 基于 OpenFOAM 不同除尘技术气-固流动特性的数值模拟 [D]. 马鞍山：安徽

工业大学, 2018.

［11］ Jasak H. OpenFOAM：Open source CFD in research and industry ［J］. International Journal of Naval Architecture and Ocean Engineering. 2009, 1 （2）：89~94.

［12］ 黄先北, 郭嫱 . OpenFOAM 从入门到精通 ［M］. 北京：中国水利水电出版社, 2021.

5 基于响应面法的优化设计方法

5.1 实 验 设 计

5.1.1 实验设计概述

实验设计（design of experiment，DOE），一种安排实验和分析实验数据的数理统计方法；实验设计主要对实验进行合理安排，以较小的实验规模（实验次数）、较短的实验周期和较低的实验成本，获得理想的实验结果以及得出科学的结论[1]。

实验设计源于 20 世纪 20 年代，由于农业实验的需要，Fisher[2]在实验设计和统计分析方面做出了一系列先驱工作，从此实验设计成为统计科学的一个分支，是大家一致公认的此方法策略的创始者。Fisher 开发了并首先应用了方差分析作为设计中的统计分析的基本方法。随后，Yates、Bose、Kempthorne、Cochran 以及 Box 等学者对实验设计都做出了杰出的贡献，使该分支在理论上日趋完善，在应用上日趋广泛[3]。

在早期，实验设计方法多数用于农业和生物科学，因此，这一领域的许多专门名词的引入与此有关。首先在工业上应用实验设计是开始于 20 世纪的 30 年代，起始于英国的纺织工业和毛纺工业。第二次世界大战之后，在美国和西欧的化工工业中引进了实验设计方法，这些工业集团将实验设计方法用于产品开发和工序开发。其后，半导体工业和电子工业也使用了 DOE 方法，多年来取得了显著的成功。

20 世纪 50 年代，日本统计学家田口玄一（Genichi Taguchi）借鉴实验设计方法提出了信噪比实验设计，并逐步发展为以质量损失函数、三次设计为基本思想的田口方法（Taguchi method）。

我国在 20 世纪 60 年代就曾对实验设计进行研究和推广，如华罗庚教授在我国倡导与普及的"优选法"。1978 年，七机部由于导弹设计的需求，提出了一个五因素的实验，希望每个因素多于 10 个水平而实验总数又不超过 50 次，显然优选法和正交设计都不能用，随后中国科学院应用数学研究所方开泰教授和王元院士提出"均匀设计"法，这一方法在导弹设计中取得了成效。

5.1.2 实验设计概念

实验的进行依赖一套严谨的实验设计，而实验设计是指一套将受试者安排入实验情境与进行统计分析的计划[4]。更具体来说，实验设计是由一套用以检验科学假设的活动所组成，这些活动包括统计假设（statistical hypothesis）的建立、实验的情境与条件的设定（独变项的决定）、测量以及实验控制的方式的决定（依变项与控制变项的决定）、受试者的选取条件的设计（抽样设计），以及统计分析方式的决定等步骤[3]。从这些具体的操作步骤中，我们可以看出实验设计与统计分析具有相当紧密的关系，甚至在一般的实验设计教科书中，绝大部分的篇幅是在探讨不同的实验设计与统计分析原理间的关联性[5,6]。可以说，实验设计就是一门以统计观念为核心的研究方法学。

基本上，为了维持科学研究的客观性，一个实验必须具备 3 个基本的原则：可复制性（replication）、随机性（randomization）、区组性（blocking）。可复制性表示一个实验可以在相同的条件下被重复操作获得相同的结果，即使不是完全的相同，所存在的差异（即实验的误差），也必须在一定合理的范围内。随机性是实验设计能够符合统计理论的重要程序。藉由随机性，我们可以确保实验的进行是在一个客观的基础上，不同的尝试之间，除了研究者的实验操弄之外，并没有特定因素影响我们所关心的效果变动。区组性是实验当中用来增加客观精确性的技术。一个区组指的是实验材料当中同质的一部分，区组化可以协助研究者分离不同的操作程序，以便进行比较。

上述 3 个实验设计的基本特性，一方面说明了实验研究关心的核心问题，同时也构成了实验设计当中不同的统计分析方法的差异所在，例如实验误差的估计、随机性的统计分配原理、区组设计的分析方式等。即一个成功的实验，反映在一套严谨的测量–统计程序当中。

5.1.3 实验设计的基本术语

（1）因子。影响输出变量 y 的输入变量 x 称为实验设计中的因子，有可控因子和非可控因子。可控因子，在实验过程中可以精确控制的因子，可作为实验设计的因子；非可控因子，在实验过程中不可以精确控制的因子，亦称噪声因子，不能作为实验设计的因子。只能通过某些方法将其稳定在一定的水平上，并通过对整体实验结果的分析，确定噪声因子对实验结果的影响程度。可控因子对 y 的影响越大，则潜在的改善机会越大，在实验设计的策划阶段，首选即是识别可控因子和噪声因子。

（2）水平。因子的不同取值称为因子的"水平"，在实际中大多数实验设计的因子水平均取 2 或者 3 水平。

(3) 处理。各因子按照设定的水平的一个组合，按照此组合能够进行一次或多次实验并输出变量的观察值。

(4) 模型与误差。按照可控因子 x_1, x_2, $\cdots$, x_p 建立的数学模型 $y = f(x_1, x_2, \cdots, x_p) + \varepsilon$。误差 ε 包含由于可控因子造成的实验误差和所采用的模型函数 f 与真实函数间的差异（失拟差异，lack of fit）。

(5) 望大、望小、望目。望大：希望输出 y 越大越好；望小：希望输出 y 越小越好；望目：希望输出 y 与目标值越接近越好。

(6) 主效应。一个因子在不同水平下的变化导致输出变量的平均变化。因子的主效应 = 因子为高水平时输出的平均值 - 因子为低水平时输出的平均值。

(7) 交互效应。如果一个因子的效应依赖于其他因子所处的水平，则称两个因子间有交互效应。例如因子 AB 的交互效应 =（B 为高水平时 A 的效应 - B 为低水平时 A 的效应）/2。

5.1.4 实验设计的基本概念

(1) 实验设计的"三要素"：

1) 实验对象。实验所用的材料即为实验对象。如对 SCR 脱硝系统进行优化设计，则脱硝反应器就是本次实验的实验对象，或称为受试对象。实验对象选择的合适与否直接关系到实验实施的难度，以及别人对实验新颖性和创新性的评价。一个完整的实验设计中所需实验材料的总数称为样本含量。最好根据特定的设计类型估计出较合适的样本含量。样本过大或过小都有弊端。

2) 实验因素。所有影响实验结果的条件都称为影响因素，实验研究的目的不同，对实验的要求也不同。影响因素有客观与主观、主要与次要因素之分。研究者希望通过研究设计进行有计划的安排，从而能够科学地考察其作用大小的因素称为实验因素（如 SCR 脱硝反应器喷氨格栅的喷口密度、开孔率、喷口孔径和喷口角度等）；对评价实验因素作用大小有一定干扰性且研究者并不想考察的因素称为区组因素或重要的非实验因素；其他未加控制的许多因素的综合作用统称为实验误差。通常应通过一些预实验，初步筛选实验因素并确定取哪些水平较合适，以免实验设计过于复杂，实验难以完成。

3) 实验效应。实验因素取不同水平时在实验单位上所产生的反应称为实验效应。实验效应是反映实验因素作用强弱的标志，它必须通过具体的指标来体现。要结合专业知识，尽可能多地选用客观性强的指标。

(2) 实验设计的"六原则"：

1) 随机原则：即运用"随机数字表"实现随机化，运用"随机排列表"实现随机化，运用计算机产生"伪随机数"实现随机化。尽量运用统计学知识来设计自己的实验，减少外在因素和人为因素的干扰。

2）对照原则：空白对照组的设立——只有通过对照的设立才能清楚地看出实验因素在当中所起的作用。当某些处理本身夹杂着重要的非处理因素时，还需设立仅含该非处理因素的实验组为实验对照组。

3）重复原则：所谓重复原则，就是在相同实验条件下必须做多次独立重复实验。一般认为重复 5 次以上的实验才具有较高的可信度。

4）平衡原则：一个实验设计方案的均衡性好坏，关系到实验研究的成败。应充分发挥具有各种知识结构和背景的人的作用，群策群力，方可有效地提高实验设计方案的均衡性。在实验设计的过程中要注意时间上的分配，只有在时间上分配好了，才不会出现一段时间特别忙而一段时间特别闲的情况。

5）弹性原则：在时间分配图上留有空缺，适当的空缺是非常必要的，只有这样才能富有弹性地实施实验计划，并不断地调整好自己的实验进度。

6）最经济原则：不论什么实验，都有它的最优选择方案，既包括在资金的使用上，也包括人力时间的损耗上，必要时可以预测一下实验的产出和投入的比值，这个比值越大越好，当然是以拥有的实验条件作基础的。

5.1.5 实验设计的基本步骤

（1）确定目标。通过控制图、故障分析、因果分析、失效分析、能力分析等工具的运用，或者是直接实际工作的反映，会得出一些关键的问题点，它反映了某个指标或参数不能满足需求，但是针对这样的问题，可能运用一些简单的方法根本就无法解决，这时候研究人员可能就会想到实验设计。对于运用实验设计解决的问题，首先要定义好实验的目的，也就是解决一个什么样的问题，问题给研究人员带来了什么样的危害，是否有足够的理由支持实验设计方法的运作，由于实验设计必须花费较多的资源才能进行，而且对于生产型企业，实验设计的进行会打乱原有的生产稳定次序，所以确定实验目的和实验必要性是首要的任务。随着实验目标的确定，还必须定义实验的指标和接受的规格，这样实验才有方向和检验实验成功的度量指标。这里的指标和规格是实验目的的延伸和具体化，也就是对问题解决的着眼点，指标的达成意味着问题的解决。

（2）剖析流程。关注流程，是研究人员应该具备的习惯，就像很多研究人员做水平对比一样，经常会有一个误区，就是只将关注点放在利益点上，而忽略了对流程特色的对比，实验设计的展开同样必须建立在流程的深层剖析基础之上。任何一个问题的产生，都有它的原因，事物的好坏、参数的变异、特性的欠缺等都有这个特点，而诸多原因一般就存在于产生问题的流程当中。流程的定义非常关键，过短的流程可能会抛弃掉显著的原因，过长的流程必将导致资源的浪费。尽管研究人员有很多的方式来展开流程，但有一点必须做到，那就是尽可能详尽地列出可能的因素，详尽的因素来自对每个步骤的详细分解，确认其输入和输出。

(3) 筛选因素。在对流程进行充分的分析后，科研人员就掌握了所关注指标的影响因素，但是，并非所有的影响因素都同等重要。对一些微小影响因素的全面实验分析，其实就是一种浪费，而且还可能导致实验的误差。因此很有必要将可能的因素筛选出来，主要目的是确认哪个因素的影响是显著的。可以使用一些低解析度的两水平实验或者专门的筛选实验来完成这个任务。而且对于这一步任务的完成，可以应用一些历史数据，或者完全可靠的经验理论分析，来减少实验因子，当然要注意一点，只要对这些数据或分析略有怀疑，为了实验结果的可靠，就应放弃。

(4) 快速接近。通过筛选实验找到了关键的因素，同时筛选实验还包含一些很重要的信息，那就是主要因素对指标的影响趋势，这是必须充分利用的信息，它可以帮助研究人员快速找到实验目的的可能区域，虽然不是很确定，但缩小了包围圈。这时一般使用实验设计中的快速上升（下降）方法，它是根据筛选实验所揭示的主要因素的影响趋势来确定一些水平，进行实验。

(5) 析因实验。筛选实验并没有强调因素间的交互作用等的影响，但给出了主要的影响因素，而且快速接近的方法，确定了主要因素的大致取值水平，这时就可以进一步度量因素的主效应、交互作用以及高阶效应，这些实验是在快速接近的水平区间内取得，所以对于最终的优化有显著的成效。析因实验主要选择各因素构造的几何体的顶点以及中心点来完成，这样的实验构造，可以确定对于指标的影响是否存在交互作用或者存在哪些交互作用，是否存在高阶效应或者存在哪些高阶效应，实验的最终目的是通过方差分析来检定这些效应是否显著，同时对以往的筛选、快速接近实验也是一个验证。

(6) 回归实验。在析因实验中，确定了所有因素与指标间的主要影响项，但是考虑到功效问题，需要进一步安排一些实验来最终确定因素的最佳影响水平，这时的实验只是一个对析因实验的实验点的补充，也就是可以利用析因实验的实验数据来最终优化指标，或者说有效全面地构建因素与水平的相应曲面和等高线，通过增加一些实验点来完成任务。实验点一般根据回归实验的旋转性来选取，而且它的水平应该根据功效、因子数、中心点数等方面合理设置，以确保回归模型的可靠性和有效性。这些实验完成后，就可以分析和建立因素和指标间的回归模型，而且可以通过优化的手段来确定最终的因子水平设定。当然为了保险起见，最后在得到最佳参数水平组合后需要进行一些验证实验来检验结果的正确性。

(7) 稳健设计。实验设计的目的就是希望通过设置一些可以调控的关键因素来达到控制指标的目的，因为对于指标来讲是无法直接控制的，实验设计提供了这种可能和途径，但是在现实中却还存在一类这样的因素，它对指标影响同样的显著，但是它很难通过人为的控制来确保其影响最优，这类因素一般称为噪声因素，它的存在往往会使实验成果功亏一篑，所以对待它的方法，除了尽量控制之外可以选用稳健设计的方法，目的是使这些因素的影响降低至最小，从而保证指标的高优性能。

5.1.6　实验设计的功能

在实际应用中，实验设计可以解决如下问题：

（1）科学合理地安排实验，从而减少实验次数，缩短实验周期，提高经济效益；

（2）从众多的影响因素中找出影响输出的主要因素；

（3）分析影响因素之间交互作用影响的大小；

（4）分析实验误差的影响大小，提高实验精度；

（5）找出较优的参数组合，并通过对实验结果的分析、比较，找出达到最优化方案进一步实验的方向；

（6）对最佳方案的输出值进行预测。

在使用实验设计时，需要注意以下几个方面：

（1）实验设计需要成本的投入，因此必须确定实验进行的必要性，以及选取最优的设计方案；

（2）水平的选取可能直接影响 DOE 的结果，要谨慎选取，最好有专业知识和历史数据的支持；

（3）尽可能利用一些历史数据，在确认可靠后提取对实验有用的信息，尽量减少实验投资和缩短实验周期；

（4）实验设计并不能提供解决所有问题的途径，现实当中的局限性验证了这一点，我们要全面考虑解决问题的方式，选取最有效、最经济的解决途径；

（5）注意充分地分析流程，不要遗漏关键的因素，不要被一些经验论的不可能结论左右；

（6）除了实验设计涉及的因素外，要尽量确定所有的环境因素是稳定和符合现实的，但要做到这一点往往会比较困难，可以用随机化、区组化来尽量避免；

（7）注意结果的验证和控制，尽量表征实验的仿真性，避免一些理想的实验环境；实验设计者要关注实验过程，保证实验意图和方案的彻底执行。

5.1.7　常用的实验设计方法

5.1.7.1　单因素实验设计方法

在其他因素相对一致的条件下，只研究某一个因素效应的实验，称为单因素实验。常用的单因素实验设计方法有黄金分割法、分数法、交替法、等比法、对分法和随机法等。单因素实验设计方法简单易行，能对实验因素作深入研究，是研究某个因素具体规律时常用的有效的手段。其缺点是由于没有考虑各因素之间的相互关系，实验结果往往具有一定的局限性。

单因素实验只研究一个因素的效应，制定实验方案时，根据研究的目的要求及实验条件，把要研究的因素分成若干水平，每个水平就是一个处理，再加上对照（有时就是该因素的零水平）就可以进行实验。在设计单因素实验方案时，应注意数量水平的级差不能过细，如果过细，实验因素不同水平的效应差异不明显，甚至会被实验误差所掩盖，实验结果不能说明问题。单因素实验设计方法为多因素实验设计水平范围的选取提供了重要的依据，并在生产中取得了显著的效应。

5.1.7.2 多因素实验设计方法

研究两个及以上不同因素的实验，称为多因素实验。多因素实验设计方法有正交实验设计、均匀实验设计、稳健实验设计、完全随机化设计、随机区组实验设计、回归正交实验设计、回归正交旋转实验设计、回归通用旋转实验设计、混料回归实验设计、D-最优回归设计等。其中最基础、在各个领域应用最广泛的多因素实验设计方法是正交实验设计、均匀实验设计、回归正交实验设计以及回归正交旋转实验设计。多因素实验克服了单因素实验的缺点，其结果能较全面地说明问题。

但随着实验因素的增多，往往容易使实验过于复杂庞大，反而会降低实验的精确性。处理数目与实验种类、排列方法、要求的精确程度有关，应以较少的处理解决较多的问题，因此，多因素实验一般以 2~4 个实验因素为好。

5.2 响应面法简介

响应面法（response surface methodology，RSM）最初是由 Box 和 Wilson[7] 于 1951 年提出，主要应用于化工领域，1959 年 Box 和 Draper 等[8] 把这种方法定义为"在经验模型构造和开发中应用的一组统计学技术"。1966 年 Hill 和 Hunter[9] 介绍了 RSM 在化学过程中的应用情况，用实例说明了正则分析和多目标优化问题；1975 年 Mead 和 Pike[10] 介绍了 RSM 在生物学领域的应用，并列举了相关方面的实例；1989 年 Myers 和 Carter[11] 精辟地总结了 1966~1988 年 RSM 理论的发展和应用；1995 年，Myers 和 Montgomery[12] 对响应面法及其应用进行了全面阐述，并把响应面法定义为"一种用于开发，改进、优化的统计和数学方法"。此时的响应面更多是以数理统计面示人的，研究工作也多为如何在实体实验数据中获得更多信息。如今，响应面方法可以用于优化设计中，即通过合理的实验设计方法解决如何建立目标、约束与设计变量之间的近似函数。其实验设计包含以下两点。

（1）在某个样本点（高维空间的点，一组设计变量 $X = (x_1, x_2, \cdots, x_n)^{\mathrm{T}}$ 为一个样本点）做实验，得到未知性能的一个结果（称为样本值），如今"实验"已由当初的仪器或设备的实体实验拓广到计算机的数值分析上。

（2）为了得到未知性能相应的函数，一个样本值远远不够，欲取多个样本点，就涉及一组样本点在高维空间中的排放问题——实验设计方法。根据一组样本点的样本值构造未知性能的逼近函数很自然地称为"函数拟合"，也有文献称其为"回归统计"。后者是统计学中的称呼，意思是根据实验的结果进行统计处理，回归到待求的函数式，也是很有道理的说法。在函数拟合或回归统计中，响应面方法是一种构造近似模型的工具，应用于很难或几乎不能用严格的数学公式表达出目标、约束与设计变量之间函数关系的工业生产设计领域。

响应面法是实验设计中常用的数据处理方法，在响应面法中把要研究的某一质量特征值 y 称作响应，与输出变量 y 对应的是一系列的输入变量，通常称之为因素。设某一过程有 n 个因素，如 $X = (x_1, x_2, \cdots, x_n)$，在产品工艺设计中，往往需要研究各影响因素与 y 之间的关系。但是这种关系一般无法用工程方法直接确定。为了研究响应值与因素之间的关系，只能依靠实验数据，采用回归拟合的方法，在某区域中拟合一个函数关系式 $y = f(x_1, x_2, \cdots, x_n) + e$，其中 e 为实验误差。只有通过良好的实验设计获得有效、可靠的数据，并进行适当的拟合，才有可能得到 $f(X) + e$。从解析几何的角度考虑，$f(X)$ 是坐标 $(x_1, x_2, \cdots, x_n)$ 上的一个曲面。对 $y = f(X)$ 进行分析，寻找使响应输出变量 y 最优的各因素水平的组合，并对各因素是如何影响响应变量的过程获得了解，这就是响应面法研究的主要思想[9]。

5.3　响应面法的基本理论

假定参数或设计点是 n 维向量 $x \in E^n$，它是待求性能函数的自变量，二者存在的函数关系为 $y = y(x)$。尽管未知的函数可能找不出准确的表达式，但是只要给定了参数值或设计值，即取定了一个样本点 $x^{(j)}$，总可以通过实体的或数值的实验得到相应的性能值 $y(j) = y(x^{(j)})$，这是对应一个参数值或设计点值的一个响应值。如果做了足够多的实验，例如 m 个实验，我们就可利用 m 个样本点及其 m 个响应值[13]。利用待定系数的方法求出函数 $y = y(x)$ 的近似函数

$$\tilde{y} = f(x) \tag{5.1}$$

式中, $\tilde{y}$, $f(x)$ 为待构造的响应面函数。

由于近似函数 $f(x)$ 是 n 维空间中的曲面, 因此响应面方法 RSM 的英文名称中含有 surface 这个词。

由于性能响应与变量之间的函数关系是未知的, 因此事先必须选择函数 y 的形式。选择好的函数会使近似更精确, 而且会使适合使用的设计空间域更宽广。响应面函数形式的选取一般应满足以下两个方面的要求: 一方面, 响应面函数数学表达式在基本能够描述真实函数的前提下应尽可能简单; 另一方面, 应在响应面函数中设计尽可能少的待定系数以减少实体实验或数值分析的工作量。实际中根据工程经验, 通常选取线性或二次多项式的形式。线性或二次多项式表示如下。

线性型

$$\tilde{y} = \alpha_0 + \sum_{j=1}^{n} \alpha_j x_j \tag{5.2}$$

不含交叉项的二次型

$$\tilde{y} = \alpha_0 + \sum_{j=1}^{n} \alpha_j x_j + \sum_{j=1}^{n} \alpha_{jj} x_j^2 \tag{5.3}$$

含交叉项的二次型

$$\tilde{y} = \alpha_0 + \sum_{j=1}^{n} \alpha_j x_j + \sum_{i=1}^{n} \sum_{j=1}^{n} \alpha_{ij} x_i x_j \tag{5.4}$$

式中　α_0——常数项待定系数;

　　　α_j——一次项待定系数;

　　　α_{ij}——二次项待定系数。

为了下面的推导统一和简便, 令

$$\begin{cases} x_0 = 1 \\ x_1 = x_1, \ x_2 = x_2, \ \cdots, \ x_n = x_n \\ x_{n+1} = x_1^2, \ x_{n+2} = x_2^2, \ \cdots, \ x_{2n} = x_n^2 \\ x_{2n+1} = x_1 x_2, \ x_{2n+2} = x_1 x_3, \ \cdots, \ x^{\frac{n(n+3)}{2}} = x_{n-1} x_n \\ \beta_0 = \alpha_0 \\ \beta_1 = \alpha_1, \ \beta_2 = \alpha_2, \ \cdots, \ \beta_n = \alpha_n \\ \beta_{n+1} = \alpha_{n+1}, \ \beta_{n+2} = \alpha_{n+2}, \ \cdots, \ \beta_{2n} = \alpha_{2n} \\ \beta_{2n+1} = \alpha_{12}, \ \beta_{2n+2} = \alpha_{13}, \ \cdots, \ \beta_{\frac{n(n+3)}{2}} = \alpha_{(n-1)n} \end{cases} \tag{5.5}$$

将式(5.5)代入式(5.4), 得到统一的形式:

$$\tilde{y} = \sum_{i=0}^{k-1} \beta_i x_i \tag{5.6}$$

式中, β_i 为特定系数。

β_i 的个数 k 根据响应面函数的形式确定, 见表 5.1。

表 5.1 函数形式与待定系数 β 个数

函数形式	待定系数个数 k
线性型	$n+1$
可分离二次型 (不含交叉项)	$2n+1$
完整二次项	$(n+1)(n+2)/2$

为了确定系数 β_i, 需要做 m 次 $(m \geqslant k)$ 独立实验, 每次实验中各变量的取值不同, 可得到 m 个样本点对应的响应值 $y^{(i)}(i = 0, \cdots, m-1)$, 根据式 (5.5) 进行换算, 得到的数据为:

$$
\begin{array}{cccc|c}
x_0^{(0)} & x_1^{(0)} & \cdots & x_{k-1}^{(0)} & y^{(0)} \\
x_0^{(1)} & x_1^{(1)} & \cdots & x_{k-1}^{(1)} & y^{(1)} \\
\vdots & \vdots & & \vdots & \vdots \\
x_0^{(m-1)} & x_1^{(m-1)} & \cdots & x_{k-1}^{(m-1)} & y^{(m-1)}
\end{array} \tag{5.7}
$$

将上述 m 个样本点 $x^{(j)}(j = 0, 1, \cdots, m-1)$ 代入式 (5.6) 中, 可得到响应面函数值:

$$
\begin{cases}
\widetilde{y}^{(0)} = \sum_{i=0}^{k-1} \beta_i x_i^{(0)} \\
\widetilde{y}^{(1)} = \sum_{i=0}^{k-1} \beta_i x_i^{(1)} \\
\vdots \\
\widetilde{y}^{(m-1)} = \sum_{i=0}^{k-1} \beta_i x_i^{(m-1)}
\end{cases} \tag{5.8}
$$

因为响应面函数 $\widetilde{y}(x)$ 是性能函数 $y(x)$ 的近似函数, 所以式 (5.8) 计算出的结果通常不等于实验得出的响应值, 二者存在一个误差, 即:

$$
\begin{cases}
\varepsilon^{(0)} = \sum_{i=0}^{k-1} \beta_i x_i^{(0)} - y^{(0)} \\
\varepsilon^{(1)} = \sum_{i=0}^{k-1} \beta_i x_i^{(1)} - y^{(1)} \\
\vdots \\
\varepsilon^{(m-1)} = \sum_{i=0}^{k-1} \beta_i x_i^{(m-1)} - y^{(m-1)}
\end{cases} \tag{5.9}
$$

目前，式（5.9）中的 $\beta_i(i = 0, 1, \cdots, m-1)$ 尚未确定，可通过使 $\sum\limits_{j=0}^{m-1} (\varepsilon^{(j)})^2$ 极小化的途径，使得误差最小，同时合理地确定系数 $\beta_i(i = 0, 1, \cdots, k-1)$，利用最小二乘原理使得误差平方和最小，即：

$$S(\boldsymbol{\beta}) = \sum_{j=0}^{n-1} (\varepsilon^{(j)})^2 = \sum_{j=0}^{m-1} \Big(\sum_{i=0}^{k-1} \beta_i x_i^{(j)} - y^{(j)}\Big)^2 \to \min \tag{5.10}$$

式（5.10）取极小值的必要条件为：

$$\frac{\partial S}{\partial \beta_l} = 2\sum_{j=0}^{m-1} \Big[x_l^{(j)}\Big(\sum_{i=0}^{k-1} \beta_i x_i^{(j)} - y^{(j)}\Big)\Big] = 0 \qquad (i = 0, \cdots, k-1) \tag{5.11}$$

这是 k 个方程 k 个未知数的线性方程组，化简并整理可得：

$$\begin{cases} \sum\limits_{i=0}^{k-1}\sum\limits_{j=0}^{m-1} \beta_i x_i^{(j)} = \sum\limits_{j=0}^{m-1} y^{(j)} \\ \sum\limits_{i=0}^{k-1}\sum\limits_{j=0}^{m-1} \beta_i x_1^{(j)} x_i^{(j)} = \sum\limits_{j=0}^{m-1} x_1^{(j)} y^{(j)} \\ \qquad\qquad \vdots \\ \sum\limits_{i=0}^{k-1}\sum\limits_{j=0}^{m-1} \beta_i x_{k-1}^{(j)} x_i^{(j)} = \sum\limits_{j=0}^{m-1} x_{k-1=1}^{(j)} y^{(j)} \end{cases} \tag{5.12}$$

写成矩阵形式为：

$$(\boldsymbol{X}\boldsymbol{\beta} - y)^{\mathrm{T}}\boldsymbol{X} = 0 \tag{5.13}$$

其中：

$$\boldsymbol{X} = \begin{bmatrix} 1 & x_1^{(0)} & x_2^{(0)} & \cdots & x_k^{(0)} \\ 1 & x_1^{(1)} & x_2^{(1)} & \cdots & x_{k-1}^{(1)} \\ \vdots & \vdots & \vdots & & \vdots \\ 1 & x_1^{(m-1)} & x_2^{(m-1)} & \cdots & x_{k-1}^{(m-1)} \end{bmatrix}, \quad \boldsymbol{y} = \begin{Bmatrix} y^{(0)} \\ y^{(1)} \\ \vdots \\ y^{(m-1)} \end{Bmatrix},$$

$$\boldsymbol{\beta} = \begin{Bmatrix} \beta_0 \\ \beta_1 \\ \vdots \\ \beta_{k-1} \end{Bmatrix} \tag{5.14}$$

若矩阵 $\boldsymbol{X}^{\mathrm{T}}\boldsymbol{X}$ 奇异，则需进行奇异值分解，或采用松弛法，或设计变量归一法，若不奇异，则：

$$\boldsymbol{\beta} = (\boldsymbol{X}^{\mathrm{T}}\boldsymbol{X})^{-1}\boldsymbol{X}^{\mathrm{T}}\boldsymbol{y} \tag{5.15}$$

将式（5.15）得到的 $\boldsymbol{\beta}$ 代入式（5.6）即得到响应面函数的表达式。

5.4　响应面法设计分类

常见的响应曲面法设计模型有两类：中心复合设计（center composite design，CCD）和 Box-Behnken 设计（BBD）。

5.4.1　中心复合设计（CCD）

CCD 是最常用的响应面设计方法，是由包含中心点的因子设计或分部实验设计组成，并用轴向点或星号点进行增强的一种实验设计方法。CCD 常应用于需对因素的非线性影响进行测试的实验中[14]。

CCD 由立方点、轴向点及中心点三部分组成，以三因素为例，图 5.1 所示为其中心复合设计的布点示意图。立方点位于图 5.1 所示的立方体顶端，主要用来估计线性项以及交互项；轴向点又称始点、星号点，分布在立方体轴向上，若存在曲性，它可以用于预计纯二次项；中心点是图 5.1 所示立方体中心的点，由中心点可知模型中是否存在曲性，此外，它还能提供有关纯误差项的信息。

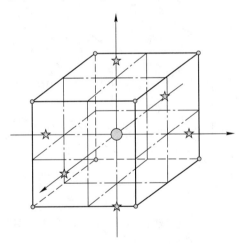

图 5.1　三因素 CCD 示意图

中心复合设计（CCD）又分为外切中心复合设计（CCC）、嵌套中心复合设计（CCI）及面心立方设计（CCF）三类，如图 5.2 所示，全部变量均以标准化单位来显示，从立方体的中心点到因子高低水平的距离是±1，到轴向点或"星"号点的距离是±α。在 α 取值上这 3 个设计有所不同。

外切中心复合设计使全部设计点（中心点除外）与中心等距，此设计既具有序贯性又具有旋转性，是 CCD 中最常用的一种设计方法。嵌套中心复合设计将设计点向立方体内收缩，将轴向点置于±1。面心立方设计是将轴向点放置于立

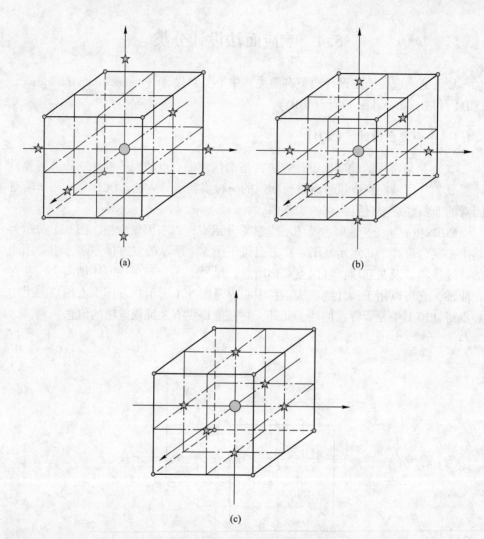

图 5.2 三因素下三种中心复合设计示意图

(a) CCC；(b) CCI；(c) CCF

方体的表面，因此它具有不可旋转性。

5.4.2 Box-Behnken 设计（BBD）

BBD 设计是用来评价指标和因素之间的非线性关系的一种实验设计方法。BBD 设计示意图如图 5.3 所示，此种设计方法的实验点不在因子设计的角点上，而在立方体棱的中点上，且 BBD 设计中所有的实验点都避免了因子的水平取高或低值的设计[15]。

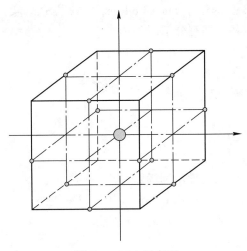

图 5.3　BBD 示意图

BBD 实验设计的特点如下：

（1）可以进行因素数在 3~7 个范围内的实验；

（2）通常实验 15~62 次，在相同因素数下，两种设计的对照见表 5.2；

（3）可以评估因素的非线性影响；

（4）应用于全部因素均为计量值数的实验；

（5）使用时无需连续多次实验；

（6）BBD 实验方法中未将全部实验因素同时设置为高水平的实验组合，因此在实际操作时不会超出安全操作范围。

表 5.2　相同因素数下两种设计对比

实验设计类别	2	3	4	5	6	7
中心复合设计（包含全因子，未分组）	13	20	31	52	90	—
BBD 设计	—	15	27	46	54	62

5.4.3　响应面法设计、分析软件介绍

MINITAB 是为质量改善、教育和研究应用领域提供统计软件和服务的先导。是一个很好的质量管理和质量设计的工具软件，更是持续质量改进的良好工具软件。MINITAB 统计软件为质量改善和概率应用提供准确和易用的工具。MINITAB 被许多世界一流的公司采用，包括通用电器、福特汽车、通用汽车、3M、霍尼韦尔、LG、东芝、诺基亚以及 Six Sigma 顾问公司等。

作为统计学入门教育方面技术领先的软件包，MINITAB 也被 4000 多所高等

院校采用。MINITAB 总部位于 State College，PA，USA（美国），在英国和法国设有办事处，在世界各地拥有分销商。

MINITAB 包括：

（1）基础和高级统计；

（2）回归和方差分析；

（3）时间序列；

（4）演示质量的图表；

（5）模拟和分布；

（6）灵活的数据导入、导出和操纵；

（7）SPC（Statistical Process Control（统计过程控制））；

（8）DOE（Design of Experiments（试验设计））；

（9）可靠性分析；

（10）多变量分析；

（11）样本量和幂计算；

（12）强大的宏语言。

参 考 文 献

［1］何映平. 试验设计与分析［M］. 北京：化学工业出版社，2013.

［2］Fisher R A. Statistical methods for research workers［J］. Journal of the Royal Statistical Society，1926，89（1）：144~145.

［3］李云雁，胡传荣. 试验设计与数据处理［M］. 3 版. 北京：化学工业出版社，2017.

［4］Kirk R E. Experimental design：procedures for the behavioral science［J］. Journal of the American Statistial Association，1995，64（372）：52384~52392.

［5］耿修林，谢兆茹. 应用统计学［M］. 北京：科学出版社，2002.

［6］Lindman H R. Analysis of Variance in Experimental Design［M］. New York：Springer，1992.

［7］Box G E P，Wilson K. B. On the Experimental attainment of optimum conditions［J］. Journal of the Royal Statistical Society. Series B（Methodological），1951，13（1）：1~45.

［8］Box G E P，Draper N R. A basis for the selection of a response surface design［J］. Journal of the American Statistical Assiciation，2012，54（287）：622~654.

［9］Hill W J，Hunter W G. A review of response surface methodology：a literature survey［J］. Technometrics，1966，8（4）：571~590.

［10］Mead R，Pike D J. A review of response surface methodology from a biometric viewpoint［J］. Biometrics，1975，31（4）：803~851.

［11］Myers R H，Carter W H. Response surface methodology：1966-1988［J］. Technometrics，1989，31（2）：137~157.

［12］Myers R H，Montgomery D C. Response surface methodology［M］. New York：John Wiley and Sons，1995.

[13] 隋允康，宇慧平. 响应面方法的改进及其对工程优化的应用 [M]. 北京：科学出版社，2011.

[14] Li J, Wang T, Zhang L, et al. Multi-objective optimization of axial-flow-type gas-particle cyclone separator using response surface methodology and computational fluid dynamics [J]. Atmospheric Pollution Research，2020，11（9）：1487~1499.

[15] Shi S L, Lv J P, Liu Q, et al. Optimized preparation of phragmites australis activated carbon using the Box-Behnken method and desirability function to remove hydroquinone [J]. Ecotoxicology and Environmental Safety，2018，165：411~422.

6 CFD 助力钢铁行业超低排放的实践

本章主要介绍了 CFD 助力烟气超低排放的实践。

第 1 节介绍了 CFD 开源软件——OpenFOAM 并将其应用于旋风分离器的实践。旋风分离器是一种广泛用于发电、化工、建材、冶金、食品、环保等众多行业的颗粒分离设备，对于旋风分离器内部流场进行数值研究和结构优化是十分有意义的。因此本节基于开源软件 OpenFOAM 建立旋风分离器气-固两相流数值计算模型，将模拟结果与实验进行比较，分析引入二次风对旋风分离器性能的影响。

第 2 节基于随机算法建立了纤维过滤介质微观结构三维模型，利用 CFD-DEM 耦合模拟方法对不同结构纤维过滤介质在不同操作条件下的过滤特性进行了数值模拟，分析了颗粒在纤维过滤介质内部的沉积形态，计算了不同孔隙率、不同迎面风速和不同颗粒粒径下瞬时过滤效率及压力损失，并采用前人提出的含尘过滤阶段的宏观经验模型对数值模拟值进行验证。

第 3 节以滤袋褶形结构的高宽比为优化的出发点，对应建立不同褶数下的褶式滤袋结构的三维几何模型，然后采用多孔介质及标准 k-ε 双方程湍流模型对褶数分别为 8、12、16、20、24，长度分别为 2.5m、3m、3.5m 的褶式滤袋进行气相流场的数值模拟并对其进行阻力特性分析。

第 4 节以新 OG 系统中的高效喷雾洗涤塔为研究对象，对塔内喷嘴的不同喷射方向和组合方式分别进行了数值模拟，研究了喷嘴喷射方向和喷淋层数对塔内流场和传热传质的影响规律，从而获得高效喷雾洗涤塔内喷嘴的合理布置方式，所得结果可为新 OG 系统高效喷雾洗涤塔的优化改进提供理论依据。

第 5 节利用 CFD 方法对 SCR 脱硝反应器内的氨浓度场进行了数值模拟，通过实验验证了反应器内氨浓度场数值模拟的准确性，并通过使用响应面法以系统内氨浓度分布不均匀系数为优化目标，对喷氨格栅的喷口密度、开孔率和喷口角度等参数进行优化，从而得到系统内喷氨格栅的最优结构参数。

第 6 节利用 CFD 方法对脱硫-除尘-脱硝一体化装置的内部流场进行数值模拟，分析一体化模拟的可行性与计算成本，并基于正交试验对影响系统流场均匀性的因素进行分析并得出最优组合；通过对比改进前后系统流场的均匀性，为实际工程设计提供一定的理论指导。

6.1 基于 OpenFOAM 二次风对旋风分离器性能影响的数值研究

6.1.1 背景分析

旋风分离器是一种广泛用于发电、化工、建材、冶金、食品、环保等众多行业的颗粒分离设备[1]，由于它具有结构简单、制造安装容易和维护管理方便、造价和运行费用低、占地面积小等特点，深受各行各业的青睐[2]。作为一种预除尘设备，它的性能好坏直接影响后续除尘设备的排放效果。目前模拟旋风分离器内部气-固两相流主要是基于 Fluent 软件，国内早期有王海刚等[3,4]将多种湍流模型应用到旋风分离器的数值模拟计算中。钱付平等[5-7]分析了不同结构及操作条件旋风分离器内强旋流场以及气-固两相分离特性。近年来，葛坡等[8]对于新型多对称入口型旋风分离器进行了研究，高翠芝等[9]数值分析了排气芯管管径对于旋风分离器的轴向速度的影响。但是，利用 Fluent 软件并不能直观地显示出固体颗粒物在流场的真实运动状态，因此又有一些学者通过 CFD-DEM 耦合的方法来改善这个问题，其中王帅等[10]用 LES-DEM 对于旋风分离器内部气-固两相流进行了数值模拟。Chu 等[11]基于 CFD-DEM 对于旋风分离器内部气-固两相流进行了数值模拟，实现了颗粒物的可视化。但是 CFD-DEM 方法由于计算量大和对于计算设备要求高等原因并没有在行业内得到广泛的应用。另外，在旋风分离器结构优化方面，通过引入二次风可以减少上灰环和短路流的产生，达到提高旋风分离器的分离效率，尤其是提高对细粉尘的分离能力的目的。

因此，本节通过尝试基于开源 OpenFOAM 软件构建旋风分离器气-固两相流数值模拟模型，并验证其可行性；在此基础上通过引入二次风改进普通旋风分离器结构，分析二次风对于旋风分离器内部流场、压降和分级效率的影响。

6.1.2 旋风分离器计算模型

6.1.2.1 气-固两相流动模型

对旋风分离器内部气-固两相流进行数值模拟时需先计算气相场，对气相场进行模拟时，采用 LES 湍流模型、非稳态、不可压缩 Navier-Stokes 模型。与 Fluent 软件 DPM 模型不同的是，这里引入空气体积分数 $\varepsilon(\varepsilon = 1 - \varepsilon_p)$ 考虑到颗粒物体积对于流体的作用。则气相控制方程（连续性方程及动量方程）为：

$$\frac{\partial \varepsilon}{\partial t} + \nabla \cdot (\varepsilon u) = 0 \tag{6.1}$$

$$\rho \frac{\partial \varepsilon u}{\partial t} + \rho \nabla \cdot (\varepsilon uu) - \rho \nabla \cdot \varepsilon \tau = - \nabla p + \rho \varepsilon g - F \tag{6.2}$$

$$\tau = \tau_{ij} + \tau_{ij}^S \tag{6.3}$$

式中，u 为气相速度，m/s；ε 为气体体积分数；ρ 为气相密度，kg/m³；g 为重力加速度，m/s²；t 为时间，s；F 为流体与颗粒之间的相互作用力，N；τ 为应力张量 τ_{ij} 和亚格子应力张量 τ_{ij}^S 之和。这里通过使用 Smagorinsky 涡黏模型[12]对亚格子应力构造封闭模式。

对于气-固两相流进行数值模拟，固体颗粒物的受力尤为重要。基于 Open-FOAM 模拟固体颗粒物运动，综合考虑固体颗粒物所受的多种力，其中包括流体与固体颗粒物之间相互作用力的 F、固体颗粒物与颗粒物作用力 F_p 以及固体颗粒物与壁面的碰撞力 F_w，得到颗粒的运动平衡方程表达式[13]：

$$\rho_p V_p \frac{dv_p}{dt} = F + F_p + F_w \tag{6.4}$$

流体与固体颗粒物之间相互作用力的 F 包括曳力 F_{drag}（N）、浮力 $\rho V_p g$（N）、压力梯度力 ρV_p（N），表达式如下：

$$F = \sum_p F_i = \frac{F_{drag}}{\varepsilon} + \frac{1}{V} \sum_p \rho V_p \left(g - \left[\frac{du}{dt} \right]_p \right) \tag{6.5}$$

式中，V_p 为颗粒物体积，m³；V 为某单元格体积，m³；v_p 为颗粒的速度，m/s。

在旋风分离器气-固两相流模拟中，通过添加 Wen-Yu 曳力模型[14]实现空气对于固体颗粒物的作用力，该模型综合考虑到了固体颗粒物直径、气体流速和固体颗粒物运动速度等因素，其具体表示为：

$$F_{drag} = \frac{1}{(1 - \varepsilon) V} \sum_p V_p \beta (u - v_p) \tag{6.6}$$

$$\beta = \frac{3}{4} C_d \rho \varepsilon^{-1.65} (1 - \varepsilon) |u - v_p|, \quad \varepsilon > 0.8 \tag{6.7}$$

$$\beta = 150 \frac{(1 - \varepsilon)^2}{\varepsilon} \frac{\mu}{d_p^2} + 1.75 (1 - \varepsilon) \frac{\rho}{d_p} |u - v_p|, \quad \varepsilon \leq 0.8$$

$$C_d = \begin{cases} \dfrac{24}{Re}, & Re \leq 0.5 \\ \dfrac{24(1.0 + 0.25 Re^{0.687})}{Re}, & 0.5 < Re \leq 1000; \quad Re = \dfrac{V \rho d_p |u - v_p|}{\nu} \\ 0.44, & Re > 1000 \end{cases}$$

$$\tag{6.8}$$

式中，μ 为空气的动力黏度，Pa·s；ν 为空气的运动黏度，m²/s；d_p 为颗粒的直径，μm；β 为颗粒与流体之间的相互作用系数；C_d 为曳力系数；Re 为雷诺数。

颗粒物与颗粒物之间的碰撞力 F_p 包括两个部分：各向同性的碰撞恢复力和碰撞阻尼力。壁面效应[15]在很多气-固两相流的数值模拟论文中都没有提及，因为对于旋风分离器而言，壁面对于固体颗粒物的作用力 F_w 不容忽视，其中壁面效应由 2 个系数决定，包括碰撞恢复系数 e 和反弹系数 μ_p。定义为：

$$u_{p,n} = -eu_p^0\cos\varphi$$
$$u_{p,t} = (1-\mu_p)u_p^0\sin\varphi \tag{6.9}$$

式中，$u_{p,n}$ 为固体颗粒物碰撞恢复力作用后的速度分量，m/s；$u_{p,t}$ 为固体颗粒物碰撞阻尼力作用后的速度分量，m/s；u_p^0 为固体颗粒物碰撞前的速度，m/s；φ 为碰撞角度，(°)。

为确保模拟计算速率和计算的准确性，采用 OpenFOAM 中的 PIMPLE 算法[16]，这种算法是结合 PISO 和 SIMPLE 两者优点的算法。其基本思想是，在每个时间步长内用 SIMPLE 稳态算法求解，时间步长用 PISO 算法完成。PIMPLE 算法可以克服 PISO 算法和 SIMPLE 算法的不足，这样会明显加快收敛速率。PIMPLE 算法将每个时间步长内看成一种稳态的流动，当按照稳态的求解器求解到一定步长的时候，则采用标准的 PISO 算法做最后一步求解。

6.1.2.2　边界条件设置

建立普通旋风分离器模型和引入二次风的旋风分离器模型。图 6.1 所示为两种形式的旋风分离器三维视图和边界条件设置，具体尺寸参数见表 6.1。

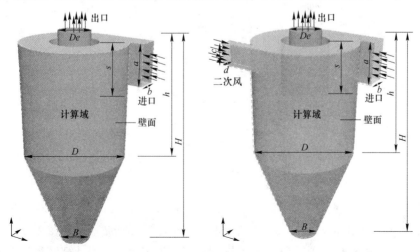

图 6.1　旋风分离器模型和边界条件设置示意图

计算域入口设为速度入口，类型为 Inlet，空气和固体颗粒物的入口速度相同；出口设为压力出口，类型为 Outlet，压力为 0Pa。数值计算选用的流体为常温状态下的空气，密度 ρ 为 1.2kg/m³，运动黏度 ν 为 1.568×10⁻⁵ m²/s。速度在入口截面上均匀分布。同时在计算的过程中，粉尘颗粒的密度 ρ_p 为 2500kg/m³，模拟时将注入的颗粒简化为球状颗粒，粒径分布设置包括一个平均粒径 10μm 和方差 2.0×10⁻⁶，最小粒径 1μm，最大粒径 19μm。采用 R-R 颗粒分布模型。

表 6.1 旋风分离器参数 （$D=1.0m$）

项目	a/D	b/D	d/D	De/D	s/D	h/D	H/D	B/D
改进前	0.4	0.2	—	0.3	0.5	1.1	2.2	0.3
改进后	0.4	0.1	0.1	0.3	0.5	1.1	2.2	0.3

6.1.2.3 实验验证及网格依赖性验证

不同类型的网格和不同精度的网格尺寸对数值模拟结果和模拟计算速度有着举足轻重的影响。因此通过旋风分离器进出口压降随网格数量变化是否恒定来确定网格数量。本节所划分的网格为六面体网格，图 6.2 所示为在不同入口风速条件下，网格数对于旋风分离器的压降的影响。结果表明，在一定的网格数量范围内，旋风分离器压降随着网格数的增加而增大，之后保持稳定。当网格数为12万~18万时，相对误差很小。因此选择13万网格旋风分离器模型用于本次数值模拟。

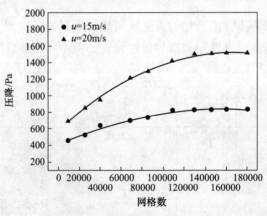

图 6.2 网格数对压降的影响

由图 6.3、图 6.4 可以看出模拟不同入口风速 5m/s、10m/s、15m/s、20m/s、25m/s、30m/s 和 35m/s 条件下旋风分离器内部的气-固两相流。将模拟的旋风分离器进出口压差、分离效率与 Wang[17] 的实验和模拟计算结果进行对比发现，基于 OpenFOAM 数值模拟的压降与实验对比平均误差为 9.89%，分离效率平均误差在 1.33%。过滤压降和分离效率随着旋风分离器进口速度的增加而增加，但压降增加速率逐渐增大；而分离效率增加速率逐渐减小，变化趋势也与实验结果保持一致。证明该数值计算模型是可信的。

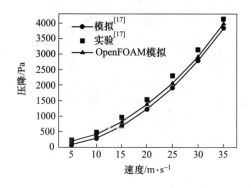

图 6.3　压降模拟值与实验值对比

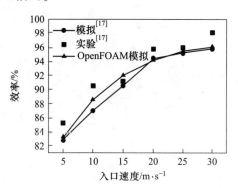

图 6.4　效率模拟值与实验值对比

6.1.3　主要结果与讨论

6.1.3.1　二次风对二次流的影响

图 6.5（a）所示为普通旋风分离器内流场和引入二次风后旋风分离器的流场分布，由图可知普通旋风分离器在 0°~90° 基本不会出现二次流，在 90°~180° 出现少量的二次流，而在 180°~270° 之间是二次流形成的主要区域，在 270°~0° 区域二次流减弱。这与姬忠礼[18]实验结果基本保持一致。由于大量二次流的存在，会在旋风分离器顶板附近形成上灰环，导致部分颗粒物沿着排气管内壁上下运动，造成短路流，使部分颗粒物直接进入芯管逃逸，大大降低旋风分离器的分离效率；而通过引入二次风可以大大减少二次流的出现，由图 6.5（b）可以看出引入二次风（10m/s）后二次流大大被削弱了，仅仅在 180°~270° 和 270°~0° 区域出现极少的二次流。由颗粒物的分布也可以看出，普通旋风分离器在二次流区域存在很多速度很小的颗粒物聚集，这对旋风分离器是不利的；而由于引入了二次风，削弱了二次流的同时减少了上灰环中聚集的颗粒物，使颗粒物得到更好的分离，因此提高了旋风分离器的分离效率。

图 6.6 所示为颗粒物的轴向分布图，分别对下锥体、上筒体和排气管三个部分的颗粒物分布进行对比，由图可知引入了二次风之后的旋风分离器上筒体颗粒物数量明显比普通旋风分离器降低，下锥体部分颗粒物数量增加，最主要是由于引入二次风后有力地削弱了二次流，降低了上灰环的存在，使得颗粒物得到更好的分离，促使颗粒物从上筒体进入下锥体，达到更好的分离效果。因此可以得出引入二次风能够更加高效地分离颗粒物。

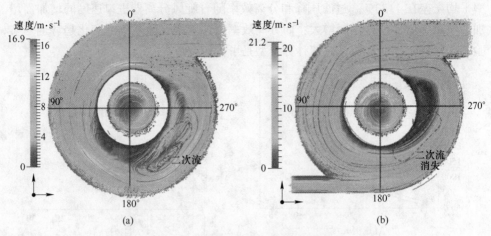

图 6.5   二次风对二次流和上灰环的影响

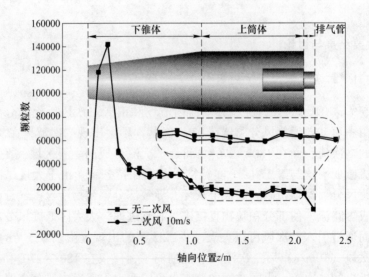

图 6.6   颗粒物轴向分布规律

6.1.3.2   二次风对压降的影响

图 6.7 所示为旋风分离器轴向和切向速度分布云图，可以很明显地看出引入二次风后与无二次风轴向速度和切向速度分布规律基本保持一致，但引入二次风后对称性更好，这是由于引入二次风后促进了气流的旋转，加强了气流的对称性。

由旋风分离器内轴向速度对比得出，旋风分离器轴向速度在壁面附近处为负值，即为外旋的下行流；在旋风分离器中心线附近区域为正值，则为内旋的上行

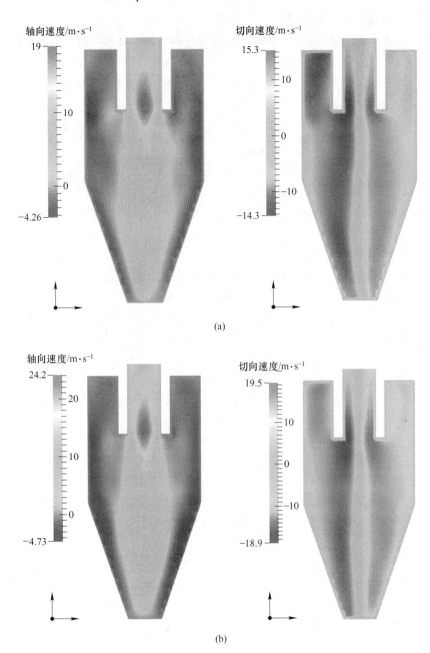

图 6.7 旋风分离器轴向和切向速度分布云图
(a) 无二次风；(b) 二次风 10m/s

流；在排气管中轴向速度较大，并且在排气管附近轴向速度梯度也较大，这容易诱发短路流。有二次风的情况下主流中外旋下行流和内旋上行流边界区分更为明显，这是对旋风分离器有利的。

由切向速度对比可以看出，两者的切向速度分布规律基本一致，沿着壁面到中心的径向位置旋风分离器的切向速度呈现先增加后减小趋势；同时，在无二次风的情况下出现"摆尾"，在有二次风的情况下切向速度更加对称且切向速度变大。

旋风分离器切向速度直接影响到压降，图6.8所示为二次风和颗粒物对于旋风分离器切向速度的影响。由图可以看出，切向速度十分对称且呈现"M"形，引入二次风的旋风分离器切向速度比无二次风时明显大很多，因此引入二次风对提高旋风分离器效率有很好的效果；在不加入固体颗粒物时（0mg/s），旋风分离器内气相切向速度分布十分对称且规整；加入颗粒物后（0.25mg/s），切向速度有明显的降低且径向分布较为混乱，且相比洁净状态下，含尘状态下最大切向速度向外壁扩张，中心开口较大，这是由于颗粒物的质量较大，受到的离心力也就越大，因此出现最大切向速度向外扩张。

图6.9所示为压降随着二次风速度的变化规律，可以看出当没有二次风时压降是比较低的，旋风分离器压降随着二次风风速的增加呈现增加趋势，且增加越来越明显。当二次风入口速度达到15m/s、25m/s和30m/s时，旋风分离器压降分别达到无二次风压降的2倍、3倍和4倍。出现压降增大的原因，一是由于引入二次风，加强了气流的旋转，带来了更大的压降；二是由于引入二次风后，颗粒物得到更好的分离，促使颗粒物从上筒体进入下锥体，降低了壁面的粗糙度，在得到更大切向速度的同时增加了压降，因此引入二次风提高分离效率同样会提高旋风分离器压降，也是其不利之处，因此需要谨慎取之。

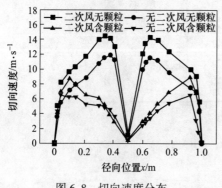

图6.8　切向速度分布

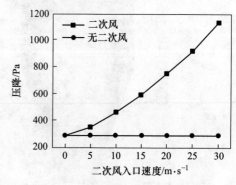

图6.9　压降随二次风的变化规律

6.1.3.3　二次风对分级效率的影响

图6.10（a）~（d）所示分别为二次风入口风速为0m/s、10m/s、20m/s和30m/s时旋风分离器气-固两相流的流场，气相用流线表示，固相用小球表示，

速度用不同灰度表示。对比分析可得，当引入二次风后，可以促进固体颗粒物在上筒体区域的分离。由图中颗粒分布可以看出，二次风风速越大，上筒体壁面洁净区域面积越大，这样可以减少上筒体壁面处颗粒物的沉积量，同时可以减少切向速度的衰减量，提高分离效率。由于引入二次风，有力地促使颗粒物进入下锥体区域，使得颗粒物更好地被收集。

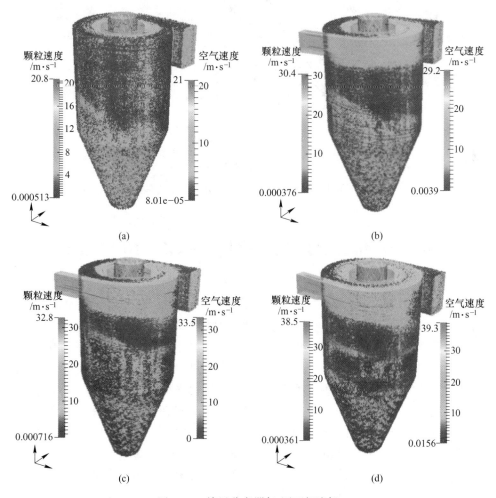

图 6.10　旋风分离器气-固两相流场

(a) 无二次风；(b) 二次风 10m/s；(c) 二次风 20m/s；(d) 二次风 30m/s

图 6.11 所示为二次风入口风速为 0m/s、10m/s、20m/s 和 30m/s 时旋风分离器的分级效率。由图可以看出，随着二次风入口风速的增加，旋风分离器的分级效率有所提高，二次风入口速度为 10m/s 和 20m/s 时分级效率增加的较为明显，而到了 30m/s 效率提高的就不是很明显了。这是由于适当的增加二次风可以

很好地减弱上灰环的存在且提高切向速度，可以提高分级效率；而当二次风很大时，同样可以减弱上灰环和提高切向速度，但是同时气体的扰动将会增加造成二次扬尘现象出现，使得一些已经被分离的颗粒再次进入气流中。

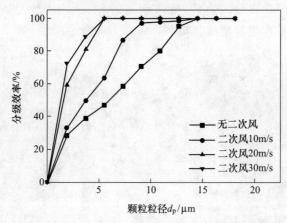

图 6.11   二次风风速对旋风分级效率的影响

6.2   纤维过滤介质过滤性能的 CFD-DEM 模拟

6.2.1   背景分析

纤维过滤介质作为去除空气中悬浮细颗粒物的有效媒介，是袋式除尘器过滤材料的重要过滤介质，衡量纤维过滤介质过滤性能的两个重要参数分别为过滤效率和压力损失。为了缩减过滤介质的设计时间及生产成本，探索一种可以预测过滤介质过滤性能的有效方法至关重要[19]。在过去半个多世纪中，众多学者已经对单纤维及结构性排列纤维过滤特性进行了开拓性的研究，并促进了过滤理论及技术的发展[20~27]。CFD 作为一种方便高效的研究方法，已广泛应用于纤维过滤介质过滤性能的研究中。由于实际纤维过滤介质结构极其复杂，难以建立与实际纤维过滤介质结构相似的三维虚拟模型，因此传统数值模拟研究都将纤维过滤介质几何模型简化处理成模型过滤器[29]，并且大多局限于二维结构的研究[24,26,28,29]。近些年来，随着计算机技术的飞速发展，越来越多的研究者基于纤维过滤介质微观结构对其性能进行三维数值模拟研究[19,30~36]。如 Nazarboland 等[30]、Zhong 等[31] 和 Mead-Hunter[32] 等基于建模软件建立了编织滤料三维模型，分别采用直接数值模拟方法（DNS）、蒙特卡罗法（MC）及流体体积法（VOF）对其内部气-固两相流动进行了数值模拟。Maze 等[19]、Wang 等[33] 和 Hosseini 等[34] 基于随机算法建立了无纺滤料微观结构三维模型，采用离散相

（DPM）模型追踪颗粒在滤料内部的运动轨迹。Zhu 等[35]和 Sambaer[36]等基于图像处理技术对随机排列纤维过滤介质结构模型进行三维重建，并对其过滤特性进行了数值模拟。

上述数值研究均将颗粒相看作质点，仅追踪其运动轨迹，并未考虑颗粒在纤维表面上沉积对其过滤效率及压降的影响。因此，上述研究仅适用于洁净过滤阶段（纤维过滤介质过滤过程的初始阶段）。事实上，实际过滤过程是一个非稳态过程，颗粒在纤维表面沉积形成树突结构，树突充当新的颗粒捕集器，使其捕集范围及填充密度增加，进而使过滤效率和压力损失也增大[37]。为了能够精确预测纤维过滤介质非稳态过滤阶段的过滤性能，众多学者对其进行了大量的研究[37~50]，并已取得丰富的成果。如 Payatakes 和 Tien[38]、Payatakes 和 Gradon[39]及 Kanaoka 等[40]基于 Kuwabara 模型对颗粒在二维单纤维上沉积模式进行了数值模拟。Kanaoka 等[41]和 Chcung 等[42]分别基于蒙特卡罗法（MC）及格子-玻尔兹曼法（LB）对二维带电荷单纤维上颗粒树枝增长模式进行了数值研究。最近，Przekop 等[44]和 Wang 等[46]分别采用格子-玻尔兹曼法对颗粒在二维单纤维沉积对其过滤特性的影响进行了数值模拟。Wang 等[37]基于格子-玻尔兹曼法分别对二维平行排列及交错排列多纤维模型过滤介质的过滤机理进行了较为深入的数值研究，并分析过滤介质结构及操作参数对其压力损失、效率及品质因素的动态影响。很明显，采用二维模型来预测实际纤维过滤介质的过滤性能过于简化，不能反映颗粒在纤维表面上三维沉积模式。为了弥补二维模型的不足，一些学者开始对纤维过滤介质三维模型进行数值研究[43,45,47-50]。如 Filippova 和 Hanel[43]基于格子-玻尔兹曼法对三维垂直非贯穿交叉排列多纤维模型过滤介质进行了动态数值研究。Lantermann 和 Haenel[45]采用蒙特卡罗法和格子-玻尔兹曼法耦合的方法对三维垂直贯穿交叉排列多纤维模型过滤介质进行了动态数值模拟，并分析了颗粒沉积模式及其对过滤介质过滤特性的影响。Hosseini 等[47]基于 ANSYS-Fluent 中的 DPM 模型对三维单纤维模型过滤介质进行了数值模拟，通过添加用户自定义函数（UDF），实现了颗粒在纤维表面沉积模式可视化，并考虑了沉积颗粒对过滤效率及压力损失的影响。由于颗粒在实际纤维滤料上沉积受纤维过滤介质结构及已沉积颗粒的沉积模式影响，所以上述简化模型不能完全描述颗粒在纤维滤料内的真实沉积模式。为了寻找能精确预测颗粒在三维纤维滤料内部非稳态过滤阶段的模型，Saleh 等[48]首次基于文献［33］建立的与实际无纺滤料微观结构相似的随机多层纤维过滤介质三维模型，采用文献［47］提出的方法对颗粒在无纺滤料上沉积形态进行了数值研究，并分析了纤维滤料在不同填充密度下，其过滤压降及效率随颗粒沉积质量的变化。

上述模拟在处理颗粒相时，大多基于 CFD 软件多相流模型中的 Euler-

Lagrange 模型，利用 Lagrange 法追踪颗粒在纤维过滤介质中的运动轨迹。然而，该方法仅考虑了流体与颗粒间的相互作用力，未考虑由于颗粒惯性及材料属性作用导致的颗粒与颗粒及颗粒与纤维表面之间的接触作用力[49]。因此，CFD 模型很难建立单个颗粒的离散运动模型精确描述颗粒间碰撞、团聚等特征。离散单元法（DEM）作为描述散体力学的经典方法，可以克服上述研究的不足。DEM 将颗粒流看成是一系列分散颗粒的集合体，并依照牛顿第二运动定律描述单个颗粒的运动规律[50]。在模拟过程中，DEM 可以考虑颗粒间的摩擦、接触弹性、重力、黏附力及其他相互作用力，并记录每个颗粒的位置、速度及受力等动态信息[51]。从而，在处理气-固两相中的固相方面，DEM 具有其他方法无法比拟的优越性。DEM 方法最初应用在气-固流动时主要针对较大尺寸的颗粒，近年来，随着计算机技术的发展，已有研究者利用 DEM 方法处理微米级颗粒[49,52-55]。实际工业生产排放的颗粒物绝大多数粒径范围为 $0.1 \sim 100 \mu m$，而且具有黏附性，必须考虑范德华力的作用。Johnson 等[56]建立了 JKR 模型，在原始 DEM 方法基础上考虑了材料的表面能效应，并建立表面能与相互接触弹性体之间范德华力的关系。文献 [54, 55] 采用 JKR 模型对通道中微细颗粒团聚等特征进行了数值研究，证实 JKR 模型在微细颗粒物沉积过程研究中的优越性。另外，结合 CFD 方法在处理气相流场方面的优势，可以将 DEM 与 CFD 结合起来，发挥各自的优势，弥补不足，提高数值求解的计算效率和精度，扩展其应用范围。Tsuji[57]最早将 DEM 与 CFD 相结合解决二维的气-固流化床问题，开创了 CFD-DEM 耦合的先例。文献 [49, 51, 58~60] 利用 CFD-DEM 方法对水力分离器、流化床及过滤器中的气-固两相流等进行了数值研究。这些研究大大丰富和拓宽了 CFD-DEM 的应用范围。利用 DEM 方法对纤维过滤介质进行数值模拟的开拓者是清华大学李水清教授[61]，但该研究仅仅采用 JKR 模型计算了模型过滤器——包含平行排列纤维的过滤介质的气-固流动特性，而且认为流场不随时间改变，即不考虑颗粒沉积后过滤介质孔隙率及流场的变化；另外，作者也没有考虑一些重要的流体作用力，如升力、附加的质量力、压力梯度力（或浮力）、Bassett 力及布朗力等。Qian 等[62]基于文献 [35] 建立的纤维过滤介质三维模型，采用 DEM 对其内部气-固两相流动进行双向耦合非稳态模拟，考虑了升力、压力梯度力（或浮力）、Bassett 力的作用，并利用响应曲面法对纤维滤料的结构参数进行优化。但是，上述模拟对象较简单，采用定值法向力替代范德华力，不能精确反映颗粒与纤维及颗粒与颗粒间的相互作用。

本节在已有工作的基础上，结合随机控制算法，建立更加贴近实际的纤维过滤介质随机三维几何模型，利用 CFD-DEM 研究微细颗粒在纤维过滤介质中的含尘过滤过程。为了研究纤维过滤介质的结构参数、操作参数及颗粒物属性对其过滤性能的影响，选取了 3 种代表性参数，分别为纤维过滤介质孔隙率、迎面风速及颗粒粒径。为了得到更加精确的数值计算结果，全面考虑了颗粒与气体、颗粒与颗粒及颗粒与纤维间的相互作用，并分析纤维表面上沉积颗粒的沉积形态及其对纤维过滤介质过滤性能的影响。基于计算结果，分析在不同无量纲参数下，过滤压降、过滤效率随颗粒沉积质量的变化。

6.2.2 纤维过滤介质计算模型

6.2.2.1 数学模型

采用 Euler-Lagrange 法对纤维过滤介质内部气-固两相流动进行数值模拟。利用 Lagrange 法追踪颗粒相轨迹，通过对每个颗粒的受力平衡方程积分得到颗粒的实时位置及速度[63]。在 Lagrange 模型中，采用牛顿第二运动定律对颗粒运动进行描述。因此，可以较全面考虑作用在颗粒上的作用力：流体曳力、重力、附加质量力、压力梯度力、浮力、Bassett 升力及范德华力等。

气相控制方程严格遵循局部平均变量的质量守恒及动量守恒定律[64]。Gidaspow[65] 给出了两种适用于气-固两相流 CFD-DEM 数值模拟的流体相控制方程——Model A 和 Model B，其中 Model A 假设压降被气体与固体共同承担，Model B 假设压降仅被气体承担。到目前为止，大多数学者及商业软件包（如 ANSYS-Fluent、CFX 等）都采用 Model A[66]。由于通过纤维过滤介质的气流为层流（纤维雷诺数小于 1），因此选用层流形式的 Model A 求解速度场。连续性方程和动量方程表述如下[66]：

$$\frac{\partial \varepsilon}{\partial t} + \nabla \cdot (\varepsilon u) = 0 \tag{6.10}$$

$$\frac{\partial}{\partial t}(\rho_f \varepsilon u) + \nabla \cdot (\rho_f \varepsilon uu) = -\varepsilon \nabla P - F_{fp} + \nabla \cdot (\varepsilon \tau) + \rho_f \varepsilon g \tag{6.11}$$

式中，ε，u，ρ_f，P 及 τ 分别为计算单元的孔隙率、流体平均速度、流体密度、压力及流体黏性应力张量；F_{fp} 为计算单元内流体和所有颗粒之间的相互作用力，包括流体曳力、压力梯度力、Saffman 升力，具体表达式见文献[55]，且 $F_{fp} = \sum f_{d,i}/\Delta V$，$f_{d,i}$ 为作用在颗粒上的力，ΔV、n 分别为计算单元的体积和单元内的颗粒数。

颗粒在过滤过程中，可能与纤维或相邻的颗粒发生碰撞，或者与空气相互作用，动量和能量发生交换。采用 DEM 中的 Hertz-Mindlin 接触模型[67]，该模型是在 Hertzian 接触模型[68]基础上得到的非线性软球模型（图 6.12），用于求解颗粒-颗粒及颗粒-纤维间的接触作用。在气-固两相流中，根据牛顿第二定律得到颗粒相平移和旋转运动方程的表达式如下[69]：

$$m_p \frac{\mathrm{d}u_{p,i}}{\mathrm{d}t} = F_{g,i} + F'_{fp,i} + F_{nc,i} + f_{n,i} + f_{t,i} \tag{6.12}$$

$$I_p \frac{\mathrm{d}\omega_i}{\mathrm{d}t} = T_i \tag{6.13}$$

式中，m_p，$u_{p,i}$ 和 ω_z 是颗粒 i 的质量、速度和角速度；$f_{n,i}$，$f_{t,i}$ 和 T_i 分别为颗粒 i 所受的法向碰撞力、切向碰撞力和碰撞力矩；I_p 是颗粒的转动惯量；F_{gi}，$F'_{fp,i}$ 和 $F_{nc,i}$ 分别为颗粒重力、流体对颗粒的作用力及非接触力。颗粒间作用力及颗粒所受扭矩具体表达式见文献 [58]。

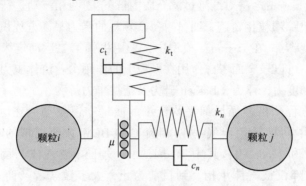

图 6.12 软球模型作用机制示意图

由于计算时涉及的颗粒粒径范围为 $2 \sim 3\mu m$，因而非接触力——范德华力（Van der Waals force）的作用不可以忽视。Johnson 等[56]在 DEM 方法基础上考虑了材料的表面能效应建立了 JKR 模型，该模型考虑了材料表面能（γ）与相互接触弹性体之间范德华力的关系，从而可以精确描述材料间的黏附作用。因此，采用 Hertz-Mindlin 接触模型并结合经典 JKR 模型以更加精确地描述颗粒-颗粒及颗粒-纤维间相互作用（图 6.13），所有作用力具体表达式见参考文献 [55]。

6.2.2.2 模拟方法

由于实际过滤过程中的颗粒体积分数大于 10^{-3}[70]，必须要考虑颗粒-颗粒之间的相互作用力，因此，为了完整描述过滤过程中流体与颗粒的相互作用，采用四向耦合（Four-way coupling）进行模拟计算。四向耦合考虑了颗粒-流体、颗粒-颗粒及颗粒-固壁间的相互作用力[71]，可以精确描述颗粒在纤维上沉积及团聚过程的微观作用力。在进行 CFD-DEM 耦合的数值模拟时，DEM 采用显式时间积分方法求解离散颗粒的平移和旋转运动，CFD 采用 SIMPLE 算法求解离散化流体控制方程。压力梯度与扩散相、对流相及时间倒数相分别采用二阶中心差分法、一阶迎风格式及二阶 Crank-Nicolson 格式进行离散化[72]。在 CFD-DEM 耦合时，DEM 中的颗粒相以独立的颗粒为单位，CFD 中的流体相以计算单元为单位。耦

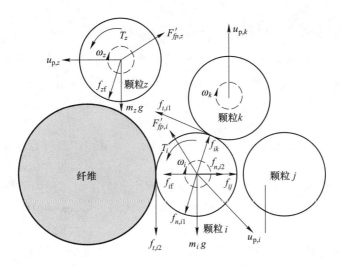

图 6.13　颗粒(i)-颗粒(j, k)及颗粒(z)-纤维间碰撞作用力及非接触作用力示意图

合的流程（图 6.14）如下：在每一个时间步长内，基于流体流动区域，DEM 将给出颗粒的位置、速度等信息，以估计 CFD 计算单元内的孔隙率；然后，CFD 利用这些数据求解气相流场，更新流体流动区域，产生新的作用在颗粒上的作用力；所有这些力汇入到 DEM 中将会产生颗粒的运动信息，然后进入下一个时间步长的循环[42]。所有模拟都在 CPU 为 Intel Ⓡ Xeon Ⓡ E5-2670 2.8GHZ、8 核、内存为 32GB 的工作站上完成，每种工况的模拟时间约为 20h。

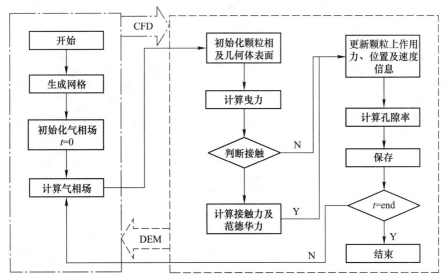

图 6.14　CFD-DEM 耦合流程

6.2.2.3　建立纤维过滤介质三维模型

纤维过滤介质三维模型作为数值模拟的重要基础，直接决定数值模拟结果的精确性和可信度，因此如何建立与实际纤维滤料微观结构相似程度很高的纤维过滤介质三维模型非常重要。由于实际纤维滤料的结构极其复杂，限于随机控制算法和计算机技术水平，目前还难以建立与其结构完全一样的三维模型。基于此，对纤维滤料微观结构进行如下简化：假设实际纤维滤料中的所有纤维都具有水平取向；纤维过滤介质是由众多薄层堆积而成，所有薄层都包含众多水平取向的纤维，并考虑薄层内纤维与纤维之间完全贯穿[34]。为了对薄层内纤维随机排列进行良好的控制，本节在文献 [73] 的基础上，基于 Possion（泊松）随机直线过程，提出生成随机多层纤维过滤介质的算法，以实现对纤维随机排列的优化控制，并对其稍作改变。结合计算机图形学绘制圆柱体的步骤，即按照由三点（圆心点及圆周上任意不重合两点）绘截面边界圆、由圆边界绘制圆面及由圆面和垂直于圆面的中轴线矢量生成圆柱体，提取建立过滤介质三维模型所需点的坐标信息。为了得到构建随机排列圆柱体三维模型所需点的坐标信息，采用 Matlab 编写控制程序将随机控制算法程序化，并结合 CFD 前处理器 Gambit 进行二次开发建立随机排列纤维过滤介质的三维模型，实现结果可视化[33]。基于上述方法，假设纤维滤料中纤维直径（d_f）都相等，且为 $10\mu m$，纤维截面尺寸为 $100\mu m \times 100\mu m$，纤维薄层间距为 $0.4d_f$，建立了 3 种不同结构的随机多层纤维过滤介质三维模型，其中孔隙率（ε）分别为 75.49%、79.56% 和 82.29%。孔隙率（ε）为 75.49% 的纤维过滤介质三维模型效果图如图 6.15 所示。

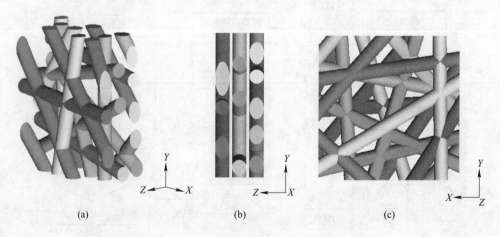

(a)　　　　　　　　　　(b)　　　　　　　　　　(c)

图 6.15　纤维过滤介质三维模型

(a) 轴测图；(b) 左视图；(c) 前视图

6.2.2.4　计算边界条件设置

在进行 CFD-DEM 耦合计算时，气流从速度进口进入计算区域，从压力出口离开计算区域。为了保证进出口断面气流的均匀性，计算域上下游长度均取为 $5d_f$；计算区域四周的边界根据纤维滤料结构特点设为对称边界条件；纤维表面边界设置为无滑移固壁边界条件。计算区域相关尺寸设置如图 6.16 所示。

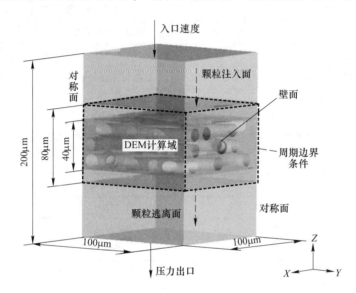

图 6.16　计算区域及边界条件设置示意图

由于目前的 CFD-DEM 耦合算法的限制，对微细颗粒流进行耦合计算是一项十分费时的工作。另外，由于本节涉及的颗粒粒径范围为 $2\sim3\mu m$，为了加快计算速度，在耦合计算时，将 DEM 计算区域进行如下合理的缩小。将颗粒注入面及颗粒逃离面分别与过滤区域上下表面间距设置为 $2d_f$（如图 6.18 中虚线框所示），将 DEM 计算区域四周边界设置为周期性边界条件，这样可以保证气流进入 DEM 计算区域达到稳定，同时可以使颗粒与气流以及颗粒与颗粒进行充分相互作用，从而能够精确描述气固两相流动特性。当计算区域中气相场计算达到稳定时，颗粒将以进口气流速度从颗粒生成面随机注入 DEM 计算区域，并随气流运动。模拟时的计算参数见表 6.2。

6.2.2.5　计算工况设计

为了研究纤维过滤介质的结构参数、操作参数及颗粒物属性对其过滤性能的影响，本节选取了 3 个代表性参数，分别为纤维过滤介质孔隙率（ε）、迎面风速

(v)、颗粒粒径 (d_p)，并且分别赋予这 3 个参数不同的值，得到 3 种不同的工况，见表 6.3。3 种工况的颗粒注入质量流率都为 $6.65×10^{-11}$kg/s。

表 6.2   模拟计算参数[38]

参数名称	取值	参数名称	取值
颗粒密度/kg·m⁻³	2500	纤维密度/kg·m⁻³	7500
颗粒泊松比	0.25	纤维泊松比	0.25
颗粒剪切模量/Pa	$2.2×10^8$	纤维剪切模量/Pa	$7.94×10^{10}$
颗粒-颗粒恢复系数	0.5	颗粒与纤维恢复系数	0.3
颗粒-颗粒静摩擦系数	0.154	颗粒-纤维静摩擦系数	0.154
颗粒-颗粒滚动摩擦系数	0.1	颗粒-纤维滚动摩擦系数	0.1
颗粒-颗粒间表面能/J·m⁻²	0.085	颗粒-纤维间表面能/J·m⁻²	0.1

表 6.3   不同工况参数设置

工况	过滤介质孔隙率 ε	迎面风速 v/m·s⁻¹	颗粒粒径 d_p/μm
工况 1	75.49%，79.56%，82.29%	1.25	2.5
工况 2	82.29%	1.0，1.25，1.5	2.5
工况 3	79.56%	1.25	2，2.5，3

6.2.2.6 宏观经验模型

在过滤介质的含尘过滤阶段，即非稳态过滤阶段，由于颗粒沉积形态随过滤时间不断变化，对过滤介质的内部结构有至关重要的影响，因此，预测过滤介质过滤性能的动态变化时，必须考虑颗粒沉积的影响。为了便于建立纤维过滤介质含尘阶段过滤介质过滤性能动态变化的数学模型，前人对颗粒沉积模式进行了简化处理，得到两种理想沉积模型[74]。理想模型一认为过滤过程中沉积的颗粒形成"树枝"结构，被当作新的"纤维"；理想模型二假定沉积的颗粒在整个过滤介质中是均匀分布的，并且增大了原始纤维直径。基于上述理想沉积模型，许多研究者采用包壳模型对含尘过滤介质过滤性能进行了研究，得到了预测过滤性能变化的数学模型及颗粒树枝结构增长的定性观察图片。然而，很少有学者提出定量预测随机多层纤维过滤介质含尘阶段过滤效率及压降动态变化的数学模型。Thomas 等[75,76]将过滤介质分成多个薄层，并考虑最初的清洁过滤介质下的纤维和沉积颗粒形成的"颗粒纤维"的共同作用，在 Bergman 模型[77]基础上，提出了一种定量预测颗粒连续沉积下过滤效率和压降变化的计算模型。Zhao 等[78]假设不同纤维上的树枝结构不相接触，并且纤维直径随着过滤过程不断增大，采用理想沉积模型二，在 Davies 模型基础上，得到一种预测含尘过滤阶段过滤效率和压降变化的计算模型。Leung 等[74]提出理想模型一适用于颗粒沉积较多的非稳态过滤，而理想模型二对含尘过滤初始阶段预测较为精确。为了更加准确地预测过滤介质过滤效率及压降的动态变化，本节采用 Zhao 模型对数值计算结果进行验证，并对其做一些修正。过滤压降（Δp）和过滤效率（E）表达式如下所示：

$$\Delta p = 64\mu tv \frac{\alpha^{3/2}(1 + 56\alpha^3)}{d_f'^2} \tag{6.14}$$

$$\alpha = K_d^2\alpha; \quad d_f' = K_d d_f; \quad K_d = (1 + M/(\alpha\rho_p t))^{1/2} \tag{6.15}$$

$$E = 1 - \exp\left(\frac{-4\alpha t\eta_0}{\pi d_f'(1 - \alpha)}\right) \tag{6.16}$$

式中，μ、t、v、d_f、d_p、α_f 分别为空气黏度、滤料厚度、迎面风速、纤维直径、颗粒粒径和纤维填充密度；M 为单位面积上的沉积质量；K_d 为颗粒沉积参数；α、d_f、ρ_p 分别表示等效填充密度、纤维等效直径及颗粒密度。

过滤介质对颗粒的捕集主要依赖于布朗扩散（E_D）、直接拦截（E_R）和惯性碰撞（E_I）三种机理的综合作用，依据 Kuwabara 的二维胞包壳模型，考虑以上各种捕集机理联合作用时，洁净过滤阶段单纤维的捕集效率 $\eta_0 = 1 - (1 - E_D)(1 - E_R)(1 - E_I)$。$E_D$、$E_R$ 及 E_I 的具体表达式见表6.4。由于本节研究对象是含尘过滤阶段，上述单纤维过滤效率不再适用，故采用 Kasper 等[79]提出的含尘过滤阶段单纤维过滤效率模型，表达式如式(6.17)和式(6.18)所示：

$$\eta(m) = (1 + bm^c)\eta_0 \tag{6.17}$$

$$b = 0.27\left[\frac{St}{R} - 13\right]^2 + 5, \quad c = \exp(-1.41Re_F - 0.84) + 0.53 \tag{6.18}$$

式中，$\eta(m)$ 为含尘过滤阶段单纤维过滤效率；m 为纤维单位长度上沉积质量；St 为颗粒斯托克斯数，$St = \rho_p d_p^2 v/(18\mu d_f)$；$R$ 为拦截系数，$R = d_p/d_f$；Re_F 为纤维雷诺数，$Re_F = vd_f/\mu$。

表6.4 不同捕集机制过滤效率表达式

捕集机制	表 达 式	参考文献
布朗扩散 （E_D）	$E_D = 2.9Ku^{-1/3}Pe^{-2/3} + 0.62Pe^{-1}$	Stechkina、 Fucks，1969[5]
直接拦截 （E_R）	$E_R = \frac{1 + R}{2Ku}\left[2\ln(1 + R) - 1 + \alpha_f + \left(\frac{1}{1 + R}\right)^2\left(1 - \frac{\alpha_f}{2}\right) - \frac{\alpha_f}{2}(1 + R)^2\right]$	Liu、Wang， 1997[10]
惯性碰撞 （E_I）	$E_I = \frac{Stk^3}{Stk^3 + 0.77Stk^2 + 0.22}$	Brown，1993[9]

采用 MATLAB 对上述宏观经验模型编写控制程序，计算得到过滤压降及效

率随沉积质量的变化关系，同时将计算结果与数值计算结果进行比较，以此验证数值计算结果的准确性。宏观经验模型计算流程图如图 6.17 所示。

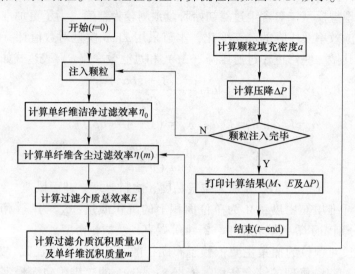

图 6.17　宏观经验模型计算流程

6.2.3　主要结果与讨论

6.2.3.1　颗粒沉积形态

本部分采用 CFD-DEM 耦合模拟结果精确描述颗粒的沉积形态。在模拟过程中，充分考虑了颗粒-纤维和颗粒-颗粒间的碰撞、黏附力的作用及流体与颗粒间的相互作用对颗粒沉积的影响。图 6.18 所示为工况 1 含尘过滤阶段颗粒物在纤维过滤介质上沉积形态随无量纲时间（T）动态变化过程。由图 6.18 可以看出，随着过滤时间的增加，3 种不同孔隙率纤维过滤介质表面上沉积的颗粒数量都逐渐增多；在过滤初始阶段（$T = 0.1$），沉积颗粒较均匀地分布在纤维表面，随着过滤过程的进行，颗粒在纤维表面沉积形成较明显的树突结构，而不是单一均匀地分布在纤维表面，此时，颗粒在纤维介质上的沉积并不完全是由纤维捕集的，大量的颗粒是被已沉积在纤维上的颗粒所捕集。由图 6.18 还可以看出，同一过滤时刻下，从底部到顶部，随着孔隙率逐渐减小，沉积的颗粒逐渐增加；当过滤达到一定时间（$T = 0.4$ 和 $T = 0.6$）时，随着孔隙率逐渐减小，颗粒形成的树突越多，即颗粒沉积的数量越多，团聚现象越明显。

颗粒在纤维表面上沉积及团聚的先决条件是颗粒-颗粒及颗粒-纤维之间产生的相互碰撞。这是由于当碰撞发生时，DEM 将计算颗粒-颗粒及颗粒-纤维碰撞法向作用力与法向黏附力（范德华力）的比值，比值小于单位 1 时，表明颗粒被捕

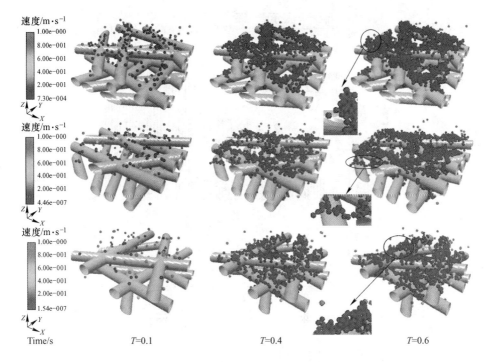

图 6.18 工况 1 颗粒沉积形态变化（顶部：$\varepsilon=75.49\%$；
中部：$\varepsilon=79.56\%$；底部：$\varepsilon=82.29\%$）

集；反之，颗粒不被捕集。图 6.19 所示为颗粒-颗粒及颗粒-纤维之间的碰撞随无量纲时间的变化及其与过滤效率关系。由图 6.19 可知，随着过滤过程的进行，3 种不同孔隙率过滤介质内部产生的碰撞次数都不断增加；在同一时刻下，孔隙率越小，碰撞次数越多。这是由于孔隙率减小，增加了纤维过滤介质填充密度，单位面积上纤维占有的面积增加，从而增大了颗粒与纤维的碰撞几率。由图 6.19 还可以看出，碰撞次数与纤维过滤介质过滤效率之间有着密切的关系，在同一时刻下，孔隙率越小，碰撞次数越多，过滤效率越大。

图 6.20 所示为距离颗粒注入面不同位置处的颗粒沉积数量。由图 6.20 可知，当过滤达到一定时间时，随着距离的增加，沉积颗粒数量整体呈先增加后减小的趋势，这表明在过滤过程中，大部分颗粒都沉积在纤维过滤介质的表层（即距离颗粒注入面较近端），而其内部各层纤维上沉积的颗粒较少。这是由于在过滤初始阶段，大部分颗粒可以通过纤维过滤介质中空隙随着气流运输到其内部，随着过滤过程的进行，表层纤维上沉积的颗粒逐渐增多，导致空隙被堵塞，并且沉积颗粒可以捕集新的颗粒，从而使后续颗粒难以穿过表层，因此，沉积颗粒主要分布在纤维过滤介质表层附近。

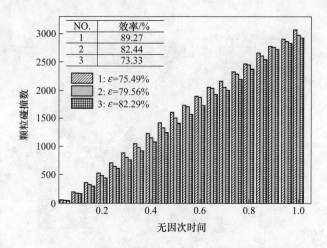

图 6.19　颗粒-颗粒及颗粒-纤维之间的碰撞与过滤总效率关系

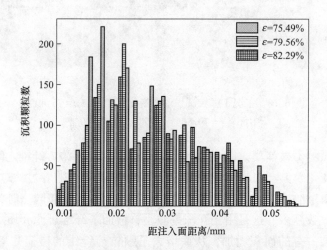

图 6.20　距离颗粒注入面不同位置沉积颗粒的数量

6.2.3.2　孔隙率

为了验证含尘过滤阶段纤维过滤介质孔隙率对其过滤性能的影响，本节基于工况 1 进行了 CFD-DEM 耦合模拟，并将数值模拟结果与宏观经验模型进行了对比，结果如图 6.21 和图 6.22 所示。由图 6.21 可以看出，3 种不同孔隙率下过滤介质的过滤效率随着孔隙率减小而逐渐增大。由于纤维过滤介质的孔隙率越小，单位面积上纤维占有的面积越大，进而导致颗粒与纤维表面发生的惯性碰撞概率增大，因此，过滤效率随着孔隙率减小而增大。由图 6.21 还可知，每种孔隙率下对应的过滤效率随着颗粒在过滤介质单位面积上的沉积质量增加而不断增大，而增加幅度逐渐减小（即效率曲线斜率不断减小），并且，数值模拟结果与宏观经验模型预测曲线的趋势保持一致。这是由于在过滤初始阶段，颗粒主要沉积在纤维表面（相当于洁净过滤阶段），随着过滤的进行，捕集效率随着颗粒沉积质量的不断增加而增加，颗粒不再单一被纤维捕集，此时颗粒捕集器将由过滤介质中纤维及沉积在纤维表面上的颗粒共同充当，因此，提高了过滤效率；随着沉积颗粒越来越多，沉积颗粒将对颗粒捕集起主导作用，颗粒很难穿透过滤介质，大多数颗粒被距离颗粒注射面较近的纤维上沉积的颗粒捕集，过滤效率随颗粒沉积质量的增加而增大，但此时过滤效率较初始阶段已经很高，单位时间段内的过滤效率变化逐渐减小，因此过滤介质过滤效率增幅逐渐减小。

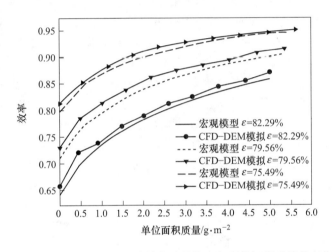

图 6.21　不同孔隙率下过滤效率随单位面积颗粒沉积质量的变化

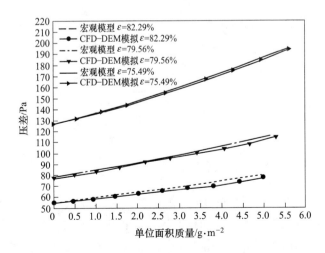

图 6.22　不同孔隙率下过滤压降随单位面积颗粒沉积质量的变化

图 6.22 所示为 3 种不同孔隙率下过滤介质的压降随着单位过滤面积上颗粒沉积质量的变化。由图 6.22 可知，3 种不同孔隙率下的过滤压降随着孔隙率减小而逐渐增大；每种孔隙率下过滤介质的压降随着颗粒沉积质量的增加几乎呈线性增加，并且，数值模拟结果与宏观经验模型预测值吻合较好。由达西定律可知，过滤介质的压力损失与过滤介质渗透系数成反比。由于纤维过滤介质的孔隙率减小，导致过滤介质渗透系数减小，因而，过滤压降随着孔隙率减小而增加。同时，随着过滤过程的进行，沉积颗粒越来越多，过滤介质中的渗透系数不断减小，所以过滤介质压力损失随着颗粒沉积质量增加而不断增大。

6.2.3.3　迎面风速

图 6.23 所示为不同迎面风速（即工况 2）下纤维过滤介质过滤效率随单位过滤面积上颗粒沉积质量的变化。图 6.23 表明，随着迎面风速从 1.0m/s 增加到 1.5m/s，过滤效率不断增大，并且，CFD-DEM 耦合模拟结果与宏观经验模型预测曲线的趋势保持一致。斯托克斯数（$St = \rho_p d_p^2 v / (18 \mu d_f)$）作为衡量惯性碰撞机制的重要参数，其与迎面风速成正比，因此，在颗粒直径一定的情况下，斯托克斯数随着迎面风速增加而变大。斯托克斯数越大，惯性碰撞作用越明显，颗粒将随着气流作直线运动，当颗粒与纤维靠近时，颗粒由于惯性不会随着气流绕过纤维，导致颗粒与纤维间的碰撞概率增大，因而，过滤效率也增加。3 种迎面风速下过滤介质过滤效率都随沉积质量增加而不断增大，并且增加幅度逐渐减小。

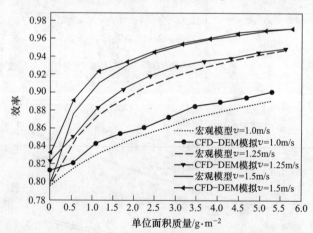

图 6.23　不同迎面风速下过滤效率随单位面积沉积质量的变化

由图 6.24 可以看出，过滤介质压力损失随着迎面风速增大而增大。由达西定律可知，过滤介质的压力损失与迎面风速成正比，因此，过滤压降随着迎面风速的增加而增大。由图 6.24 还可以看出，迎面风速一定时，过滤介质压力损失随着沉积质量增加呈线性增大。

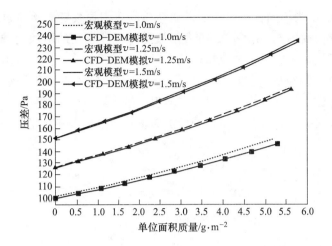

图 6.24 不同迎面风速下过滤压降随单位面积沉积质量的变化

6.2.3.4 颗粒粒径

图 6.25 所示为不同颗粒粒径（即工况 3）下过滤效率随单位过滤面积颗粒沉积质量的变化。由图 6.25 可知，过滤介质过滤效率随着颗粒粒径增大而逐渐增加。由于拦截系数（$R = d_p/d_f$）作为拦截机制的重要指标，本节拦截系数从 0.2 增加到 0.3，拦截作用增强。由前述分析可知，斯托克斯数与颗粒粒径的平方成正比，所以惯性作用也随着颗粒粒径增加而加强，因此，过滤效率随着颗粒粒径增加而变大。和前面分析的一样，3 种颗粒粒径下过滤介质过滤效率都随颗粒沉积质量增加而不断增大，并且增加幅度逐渐减小。

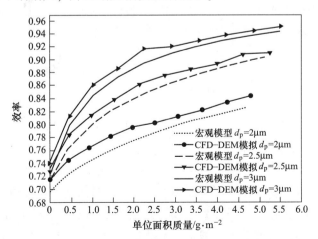

图 6.25 不同颗粒粒径下过滤效率随单位面积沉积质量的变化

图 6.26 所示为不同颗粒粒径下过滤介质的压力损失随着单位过滤面积上沉积质量的变化。由图 6.26 可知，压力损失随着颗粒粒径的增加而减小。这是由于当颗粒沉积质量一定时，颗粒粒径越大，颗粒数量越少，同时颗粒粒径越小黏附性越强，比大颗粒更容易团聚，因此，颗粒粒径越大，沉积颗粒中的空隙越大，即渗透系数越大，气流穿过过滤层的阻力越小。另外，颗粒粒径一定时，过滤介质压力损失随着颗粒沉积质量的增加而呈直线增加，和前述结论一致。

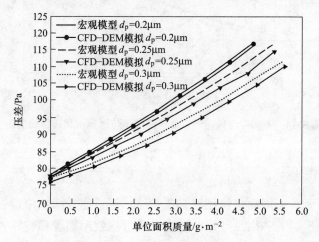

图 6.26   不同颗粒粒径下过滤压降随单位面积沉积质量的变化

6.2.3.5   过滤介质的品质因素

前已述及，衡量过滤介质性能好坏的关键参数为过滤效率和压力损失，过滤效率越高，压力损失越小，表明过滤介质的性能越好。为了比较具有不同结构参数过滤介质的过滤性能，本节采用过滤介质的品质因素（QF）进行衡量，表达式如下：

$$QF = -\frac{\ln(1 - \eta)}{\Delta p} \tag{6.19}$$

图 6.27 所示为不同孔隙率下过滤介质品质因素随单位过滤面积上沉积质量的变化。由图 6.27 可知，随着孔隙率的增大，过滤介质的品质因素呈逐渐降低的趋势。并且，3 种孔隙率下的过滤介质品质因素都随着沉积质量的增加先增加而后逐渐减小，并存在品质因素最高点。这是由于过滤初始阶段过滤效率增加幅度较大，压力损失变化较小，导致品质因素有增加的趋势。由前面的分析可知，随着过滤过程进行，过滤效率增加幅度不断减小，而压力损失变化较大，因而导致品质因素有逐渐降低的趋势。

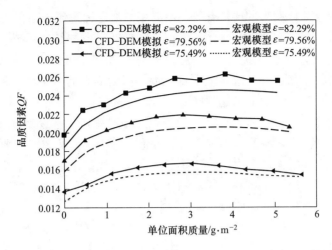

图 6.27 不同孔隙率下过滤介质的品质因素随单位面积颗粒沉积质量的变化

6.3 基于无纺针刺毡滤料褶式滤袋的阻力特性分析

6.3.1 背景分析

袋式除尘器是控制工业领域粉尘排放的重要技术，此前圆布袋技术一直无法突破排放高、破袋率高及设备占地大等难题，因此褶式滤袋应运而生。褶式滤袋利用褶状结构增大过滤面积，同等风量下可有效降低气流上升速度利于粉尘沉降，适用于水泥、高炉矿槽等工业环境除尘。

滤筒用滤料一般为纸质滤料、合成纤维非织造滤料及这两种过滤介质的覆膜滤料，所制褶式滤芯在较高过滤风速下易并褶、变形甚至破损，削弱了过滤作用，选择合适的滤料有助于提升除尘性能、延长滤芯的使用寿命[80,81]。无纺针刺毡是采用涤纶短纤维在纺织物基布上上下针刺，将基布纤维络合并经烧毛、热定型等工序制成的一种滤料，透气柔韧、孔径微小，纤维层内纵横交错形成的三维空间能有效捕集 $5\mu m$ 以下的尘粒，除尘效率高，表面平整易清灰，在袋式除尘技术中应用成熟[82]。从原理上看，褶式滤袋是在滤袋的基础上对褶式滤芯除尘技术的再吸收，国内外学者针对褶式滤芯的研究主要集中于褶形结构的设计参数优化。吴利瑞[83]在对滤筒几何尺寸的优化研究中发现褶越高其理论过滤面积越大，但会降低褶边的强度和刚度，致使褶边在滤芯积灰后变形、堵塞从而减少实际过滤面积。Kim 等[84]通过实验评估出褶式滤芯的有效过滤面积约为理论过滤面积的 50% ~ 60%，过滤介质的褶形结构为颗粒沉积于褶皱之间提供条件的同时限制了有效过滤面积。Lo 等[85]运用 CFD 模拟分析了滤筒除尘器脉冲喷吹清灰过程中的瞬态流动特性，发现具有较高褶皱率的滤芯因静压分布变化很大而更易出现清灰不善，褶皱率即高宽比 a。Kim 等[86]认为，归根结底褶高、褶宽、高宽比都只与滤芯外半径 R、褶边长 P_L 及褶数 N 相关。查文娟等[87]采用响应面法研究了褶高、褶间距和过滤风速对 V 形褶式滤芯阻力的影响，通过预测模型对滤芯结构参数和运行条件进行了优化。Fotovati 等[88]开发了一种计算可行的宏观尺度模型用于量化褶数、粒径和流速对 V 形褶式过滤器瞬态性能的影响，其研究表明增加褶数降低了捕尘效率的增加率。对于外形尺寸一定的滤芯，褶数的增加会引起褶宽减小甚至并褶，使褶边周围流动受限进而造成褶通道内气流紊乱，有效过滤面积减少的同时使容尘量骤减、滤料阻力上升、滤芯使用寿命缩短[89,90]。然而仅凭经验选定褶数，往往使得褶式滤芯投入使用后达不到预期效果，设计适当的褶数对降低脉冲滤筒除尘器的运行阻力具有重要意义[91]。赵欢等[92]基于实验和模拟分析得出滤芯的阻力来源于滤料阻力和结构阻力，结构阻力取决于褶式滤芯的结构参数。付海明等[93]通过理论计算及实验测试研究了褶数、褶高、过滤速度对褶形过滤介质压降的影响，得出减小褶间距或增大褶高可增加过滤面积从而减小过滤介质的过滤阻力。Théron 等[94]结合数值和实验方法研究了褶形几何参数对褶式过滤器性能的影响，发现褶式过滤器的过滤阻力的降低更倾向于平缓的褶形，即小的褶高和大的褶宽，同时证明了 CFD 模拟的可靠性和准确性。上述从理论计算、数值模拟、实验测试等方面对褶形结构的优化研究均表明褶形结构参数对滤芯过滤阻力影响显著，而目前对于褶式滤芯的研究中，结构阻力及性能优化方面的数值模拟较少涉及将褶高、褶宽、褶数联系起来且针对褶式滤袋的结构优化的研究。

本节正是以褶式滤袋为研究对象，以褶形的高宽比为滤袋褶形结构优化的切入点，对应建立不同褶数下褶式滤袋结构的三维几何模型，基于多孔介质理论及标准 k-ε 双方程湍流模型进行气相流场的数值模拟，分析其过滤阻力随褶数变化的规律，并研究不同袋长的褶式滤袋除尘器的阻力特性，以期通过综合考虑褶数、袋长对褶式滤袋除尘器的流场及阻力特性的影响，指导不同结构参数的褶式滤袋的工程应用。

6.3.2 褶式滤袋计算模型

6.3.2.1 褶式滤袋模型的建立及网格划分

本节的研究主体是褶式滤袋，滤料材质柔韧，所以将褶形设计成如图 6.28 所示的弧形褶状结构。建模时通过对不同区间[86,95,96]内的高宽比 a 的考量，对应确立如表 6.5 所示的系列褶数。

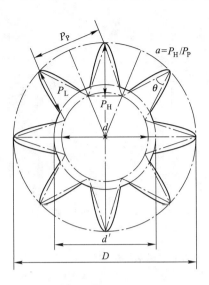

图 6.28　褶式滤袋

表 6.5　褶式滤袋的几何参数

褶式滤袋	1 号	2 号	3 号	4 号	5 号
褶数 N/个	8	12	16	20	24
褶式滤袋外径 D/mm	324	324	324	324	324
褶式滤袋内径 d'/mm	180	180	180	180	180
褶长 P_L/mm	96	96	96	96	96
褶间角 θ/(°)	35.4	21.8	15.9	12.6	10.4
褶高 P_H/mm	91.4	94.3	95.1	95.4	95.6
褶间距 P_P/mm	124.0	83.9	63.2	50.7	42.3
高宽比 a	0.74	1.12	1.50	1.88	2.26
褶式滤袋长度 L/mm	1050	1050	1050	1050	1050
褶式滤袋面积 A_T/m²	1.53	2.12	2.70	3.30	3.90

　　褶式滤袋除尘器主要包括进气口、箱体、褶式滤袋和出气口。如图 6.29 (a) 所示，含尘气体自进风口进入除尘器后，一部分较粗的尘粒在重力和惯性作用下沉降至灰斗，进入中部箱体的含尘气体经滤袋的过滤净化后，细小的粉尘被阻留在滤袋的外表面，洁净的气体最后从出风管排出。褶式滤袋结构比较复杂，故模型整体采用的是非结构化网格划分，图 6.29 (b) 所示为该过滤模型网格划分的基本情况，箱体部分相对稀疏，褶式滤袋相应局部加密以提高计算精度，褶式滤袋中单个褶的边缘、滤袋顶端即袋口处的面网格如图 6.29 (b) 所示。

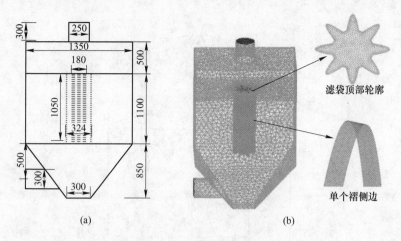

图 6.29　褶式滤袋除尘器的物理模型及网格划分

（a）物理模型；（b）网格划分

根据表 6.5，模拟了褶数 N 分别为 8、12、16、20、24 的 5 种褶式滤袋的气相流场，对应的滤袋结构如图 6.30 所示。

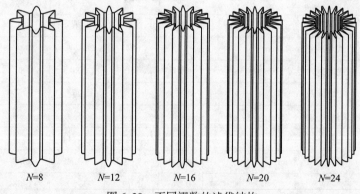

图 6.30　不同褶数的滤袋结构

6.3.2.2　数值计算模型

假定进入褶式滤袋除尘器内部的气体近似单相流，且气流与褶式滤袋内的物性参数各向同性均匀分布，通过设置基于压力求解器并采用不可压缩、3D 稳态流动数学模型和标准 k-ε 双方程湍流模型进行气相流场的数值计算[97]，湍流模型方程具体详见 Fluent 软件的帮助文件[98]。

6.3.2.3　边界条件

采用压力-速度耦合 SIMPLE 算法模拟褶式滤袋的流场分布时，将褶式滤袋除尘器的进口设置为速度入口，出口设为压力出口，静压取值0Pa。将除尘器箱体的各壁面、袋底及花板设置成固体壁面（wall），并采用无滑移边界条件，近壁区运用壁面函数法计算[99,100]。褶式滤袋顶端褶面与花板的交界面设为Interior，对于这种薄膜状多孔介质，滤袋表面采用多孔跳跃（porous jump）的边界条件，无纺针刺毡滤料作为渗流壁，其壁面渗透系数为 $6.5×10^{-11} m^2$，厚度为2mm，压力阶系数为0[101]。根据达西公式可确定褶式滤袋内部径向的流动方程，即：

$$v = \frac{K}{\mu} \frac{\partial p}{\partial r} \qquad (6.20)$$

式中，v 为径向流速，m/s；r 为径向距离，m；K 为多孔渗透系数；μ 为黏性系数，Pa·s；p 为压强，Pa。

6.3.2.4 模型验证

图6.31所示为褶式滤袋除尘器进出口压降随网格数的变化情况。从图可以看出，压降随网格数的增加先增加后减小并逐渐趋于稳定。由此得出一定范围内网格数对系统进出口压降的影响很小。鉴于网格数太大会增加数值计算的时间，故本节拟采用约83万的网格进行数值模拟，网格数量适中且网格质量为0.3~1.0。

依据文献［102］建立与文中尺寸相同的袋式除尘器结构模型，该袋式除尘器采用下进风，以2×2的形式共布置有4条规格为 $\phi160mm×3600mm$ 的FMS9808针刺毡滤袋。将数值模拟计算所得压降值同测试结果对比，平均误差为6.31%，在允许误差范围内。由图6.32可以看出，根据本节数值计算模型所得模拟值与实验值的趋势基本一致，由此推断本节采用的多孔介质及标准 k-ε 双方程湍流模型的数值计算模型是可靠的。

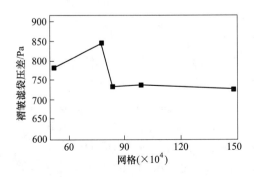 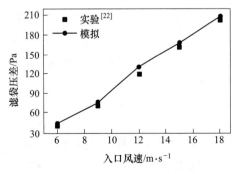

图6.31 褶式滤袋除尘器的压降随网格数的变化　　图6.32 阻力实验结果与模拟值对比

6.3.3 主要结果与讨论

6.3.3.1 不同褶数的模拟结果与分析

在进口风速 $v_i = 6m/s$、$8m/s$、$10m/s$、$12m/s$、$14m/s$ 的工况下,对褶数 N 分别为 8、12、16、20、24 的 5 种褶式滤袋除尘器进行数值计算,得到了不同进口风速下褶式滤袋除尘器内的流场分布。沿除尘器系统中心截取一剖面 XOZ($Y = 0mm$),进口风速 $10m/s$ 时其速度云图及速度矢量图如图 6.33 所示。

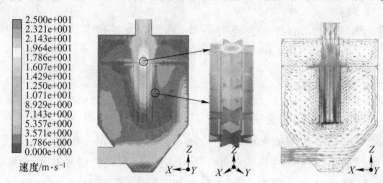

图 6.33 褶数 8 的褶式滤袋除尘器的速度云图及速度矢量图

从图 6.33 中可以看到,来流气体因具有一定的初始速度而产生明显的射流,迎面碰到除尘器后端之后,一部分气流迅速沿着该壁面向上,并在内部形成一段横向绕流,另一部分则向下流动,并在灰斗处产生回流。当气流不断扩散,中间箱体内的气流会趋于均匀并逐渐涌向褶式滤袋的表面,经滤袋净化后的气体朝着滤袋与花板的连接口处流出,进入净气室并由排气管排出,从而起到过滤作用。由放大区域的褶式滤袋的速度云图可知,气流通过褶式滤袋的速度相对较大,袋内气流的垂直分布呈自下而上的速度跃升现象。这是因为滤袋底部是封闭的,仅滤袋表面部分允许气流透过,所以进入除尘器内的气流集中沿滤袋周围流向袋内。又由于花板通孔的直径小于褶式滤袋的外径,袋内气体出流途径通孔时,相当于通过了一个收缩的过流断面,因而出现顶部褶面的中心圆速度比较大的现象,而褶边区域因与花板交界面重合,故气流上升受阻,速度较小。

图 6.34 所示为同一进口风速下褶数 12 ~ 24 的褶式滤袋除尘器的中心剖面速度云图。从图示情况并结合图 6.33 来看,虽然褶数不同,但大体上各褶式滤袋除尘器内的速度分布趋势相近,含尘气体进入除尘器内会因气流断面的突然扩大不断向箱体内扩散,且速度逐渐减小。值得注意的是,$N = 12$ 的褶式滤袋除尘器下部灰斗无明显涡旋回流,避免了因颗粒物返混造成除尘效率下降,气流整体分布也相对更为均匀。

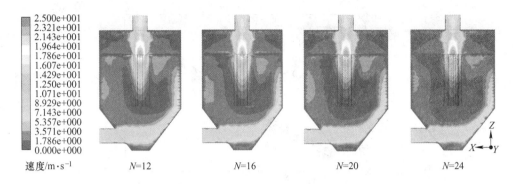

图 6.34 褶数 12~24 的褶式滤袋除尘器的速度云图

图 6.35 所示为同一进口风速下褶数 8~24 的褶式滤袋除尘器的中心剖面静压云图。从图中可以看出，褶式滤袋的底部封闭使迎风侧来流气体受阻，动压转变为静压，局部压力增大。其中褶数 $N=16\sim24$ 时该现象更为突出，系统及滤袋的进出口压差越来越大，而 $N=8$、12 的褶式滤袋除尘器内的压力分布较为均匀，但前者受气流的横向冲刷作用明显，过滤负荷相对较大。此外，$N=12$ 的褶式滤袋的压力梯度相对其他几种褶数的滤袋更小。

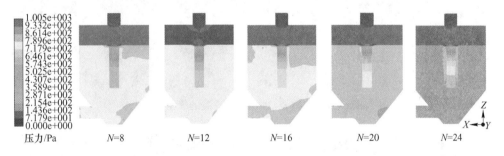

图 6.35 褶数 8~24 的褶式滤袋除尘器的静压云图

图 6.36 所示为不同褶数下褶式滤袋除尘器的压降随进口风速变化的曲线图，图 6.37 所示为不同褶数下褶式滤袋的静压云图。由图 6.36 可知，随着进口风速的增大，气流通过褶式滤袋除尘器的压降随之增加，原因是处理风量的增大，加剧了滤袋内的气流扰动。理论上滤袋的褶数越多其对应的过滤面积越大，滤袋的气布比（过滤风速）越小，因而系统的压降也应该相对较小，通过对比褶数 $N=$ 8~12 的压降值不难看出。然而褶数 $N>12$ 的这三组压降曲线的数值都比前述少的褶数大，这是因为褶式滤袋的外径 D 及褶边长 P_L 一定时，褶数增多致使褶过于密集便会降低褶间流体的流动空间，所以流体通过褶间通道的黏性阻力大大增加导致，图 6.37 正是表明了随着褶数的增多，滤袋表面的压差越来越大。

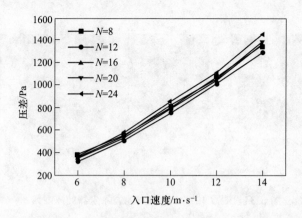

图 6.36   不同褶数下褶式滤袋除尘器的压降随进口风速变化的曲线

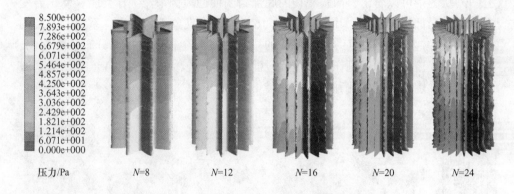

图 6.37   褶数 8~24 的褶式滤袋的静压云图

图 6.38 所示为不同进口风速下褶式滤袋的压降随褶数变化的曲线图。由图 6.38 可知，当褶数 $N>12$，褶越多其压降越大，这是因为褶数增多，对应褶形结构的褶高 P_H 增大、褶宽 P_P 减小，即高宽比 a 持续增大，导致褶形分布越来越密，因而使褶间气流通道变窄。所以，在研究的褶数范围内存在最佳褶数使褶式滤袋的压降最小。学者 Hasolli 等[103] 曾就褶数对深层过滤介质的性能影响进行了过滤实验，所用褶式滤芯的外径为 328mm，内径为 210mm，高度为 660mm，滤料的克重为 254g/m²，厚度为 1.95mm。在其所研究的褶数范围内即 $N=70~110$ 时，$N=80$ 的过滤阻力最小，滤芯的过滤阻力随褶数变化的曲线如图 6.39 所示。

6.3.3.2   不同袋长的模拟结果与分析

ϕ160mm 的外滤式圆布袋的长度一般为 3~6 m，但相关研究[100,104] 也表明了布袋过长会使袋式除尘器内的气流分布越不均匀。褶式滤袋相对圆布袋而言可称为一种异形滤袋,通过褶皱结构可实现过滤面积成倍增加,因此相应地在长度上可适当缩短,进而实现系统的运行优化。本节尝试对褶数 $N=12$,长度 L 分别为 2.5m、3m、3.5m 的褶式滤袋进行数值模拟,除尘器的袋室尺寸统一为 1.35m× 0.9m×3.55m,研究滤袋的不同长度对褶式滤袋除尘器的阻力特性的影响。

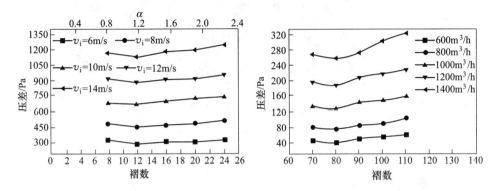

图 6.38 不同进口风速下褶式滤袋的
压降随褶数变化的曲线

图 6.39 不同流量下滤料 B 的滤筒的
压降随褶数变化的曲线

图 6.40 所示为进口风速 12m/s 时不同袋长的褶式滤袋除尘器中心剖面的速度云图。由图可知,速度较高的位置分布于除尘器的进出口以及滤袋与花板相交的通孔附近;靠近除尘器后端面的滤袋底部受气流冲击作用显著,原因是进风产生的射流在撞击到除尘器后端面之后,部分气流顺势快速上升,因而后端布袋首当其冲;从图中还可以看到,袋长 $L = 2.5\sim3.5$m 时,入口射流现象逐渐改善,但袋室内的速度变化很小。为更进一步分析当中的气流分布状况,引入相对标准偏差 C_v,通过比较不同工况下的 C_v 值以判断所截平面的流场均匀性,其计算表达式[105]为:

$$C_v = \frac{S}{\overline{v}} \times 100\% \tag{6.21}$$

$$S = \sqrt{\frac{1}{n-1}\sum_{i=1}^{n}(v_i - \overline{v})^2} \tag{6.22}$$

式中,C_v 为相对标准偏差;S 为标准偏差;$\overline{v}$ 为平均速度;v_i 为第 i 个点的速度值;n 为点的个数。

分别选取上述除尘器袋室中间相同位置($X = -0.562\sim0.562$m)和相同高度($Z = -1.7\sim-1.0$m)的纵截面作为监测面,导出相应的速度数据并计算得到各纵截面的速度相对标准偏差,表 6.6 即为相应工况下所述中间纵截面的相对标准偏差。每个中间纵截面的高度差 $\Delta Z = 0.1$m,共选取了 8 段速度,且各段选取点数为 200 个,总计选取 1600 个速度点,速度点的选取具有一定的代表性,且点数足够，能较为充分地反映袋室中间纵截面的速度分布情况。

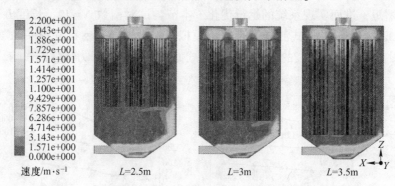

图 6.40   不同袋长的褶式滤袋除尘器的速度云图

由表 6.6 可知，C_v 值随褶式滤袋长度的增大基本呈先减后增的变化规律，由此反映出适当加长褶式滤袋，可使同一袋室内的气流分布越均匀。且从整体上看，$L = 3m$ 的 C_v 值的大小及其波动幅度明显小于其他两种长度，说明 $L = 3m$ 的褶式滤袋除尘器的袋室内速度分布均匀性相对最好。

表 6.6   中间纵截面的相对标准偏差

L/m	$v_i/m \cdot s^{-1}$			
	10	12	14	16
2.5	42.05%	64.80%	70.11%	85.01%
3	51.53%	58.24%	44.76%	54.53%
3.5	46.88%	80.61%	58.13%	61.41%

图 6.41 所示为进口风速 12m/s 时不同袋长的褶式滤袋除尘器中心剖面的静压云图。从图中可以看出，袋长 $L = 2.5m$、3m、3.5m 的褶式滤袋除尘器内的压力分布情况相似，袋长的不同对褶式滤袋除尘器内的压力分布有一定影响，$L = 3.5m$ 的褶式滤袋除尘器的系统压降较小，$L = 3m$ 的滤袋垂直方向的压力梯度较小，整体压力分布也更均匀，这说明要改善袋式除尘器内流场的气流分布、促进良好过滤，应注意袋长的设计。

图 6.42 所示为不同袋长的褶式滤袋除尘器在不同进口风速下的压降曲线图。由图可知，随着进口风速的增加，除尘器的过滤阻力近似呈二次曲线变化的规律。通过比较同一进口风速下的压降值，发现处理风量较小的情况下，褶式滤袋越长，系统的过滤阻力越小，这是因为更长的褶式滤袋相应的过滤面积越大；进口风速 14~18m/s 时，$L = 3m$ 的褶式滤袋除尘器的压降相比 $L = 2.5m$、3.5m 时更小，由此说明褶式滤袋过短或过长都不适宜在高风量下运行。

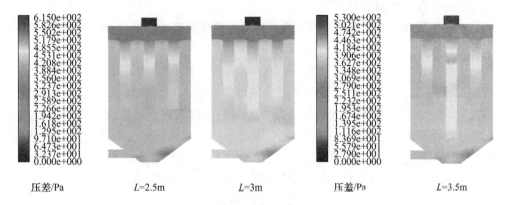

压差/Pa   *L*=2.5m   *L*=3m   压差/Pa   *L*=3.5m

图 6.41 不同袋长的褶式滤袋除尘器的静压云图

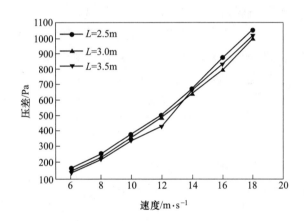

图 6.42 不同袋长的褶式滤袋除尘器的压降随进口风速变化的曲线

6.4 转炉湿法除尘新 OG 系统高效洗涤塔内喷雾特性的数值模拟

6.4.1 背景分析

目前，我国90%的粗钢是用转炉生产的[106]。转炉湿法除尘新氧气顶吹转炉煤气回收（oxygen converter gas recovery，OG）系统是对转炉冶炼吹炼时产生的大量高温含尘烟气进行降温、除尘以及回收的过程，是转炉炼钢工艺系统中的重要组成部分[107~109]。高效洗涤塔是转炉湿法除尘新OG系统的核心部件，其降温除尘性能对系统的运行效果有较大的影响。因而对高效喷雾洗涤塔中的喷嘴布置方式进行研究，使塔内具有较好的气液传质面积，对于保证喷淋系统的降温效果与运行的可靠性至关重要。

目前，国内外有研究者分别利用实验及数值仿真技术对洗涤塔内的喷淋冷却技术进行研究。如祝杰等[110]以水和空气为实验介质，使用拍照法对洗涤塔液滴粒径分布和比表面积进行了实验研究，结果表明塔顶处液滴索太尔平均粒径（Sauter mean diameter，SMD）随喷淋量的增加而增大，处在塔中下部的 SMD 则随喷淋量增大而减小。Liu 等[111]结合实验和数值仿真研究了导流板对洗涤塔内流场分布和脱硫效率的影响，结果表明洗涤塔内部结构对烟气流场有较大影响，合理的使用导流板会使塔内气流分布更加均匀，从而能有效解决由于单入口引起的回流问题。李睿和田海军等[112,113]研究了新型烟气脱硫工艺卧式洗涤塔的不同内部结构对其压力损失、降温效果、烟气停留时间等的影响。另外，也有一些研究者对洗涤塔内的阻力特性[114,116]和反应过程[117~119]等进行了研究。然而，上述研究大都是针对烟气脱硫洗涤塔内的喷淋特性进行研究，目前尽管也有研究者对应用于转炉湿法除尘系统中的洗涤塔进行过研究，如黄小萍等[120]利用数值仿真对转炉湿法除尘新 OG 系统高效喷雾洗涤塔内喷嘴的雾化特性进行了较为深入的研究，分析了各喷射参数（如角度、压力、流量）及喷嘴水平间距等因素对雾化场 SMD 和蒸发效率的影响，但是该研究没有详细讨论洗涤塔内喷嘴的布置方式对喷淋效果的影响。显然，不同的喷淋层布置方式对塔内的气流分布、温度分布和湍动能变化等都会产生影响。

基于此，本节以新 OG 系统中的高效喷雾洗涤塔为研究对象，对塔内喷嘴的不同喷射方向和组合方式分别进行数值仿真，研究喷嘴喷射方向和喷淋层数对塔内流场和传热传质的变化规律，以获得高效喷雾洗涤塔内喷嘴的合理布置方式，所得结果可对新 OG 系统高效喷雾洗涤塔的优化改进提供理论依据。

6.4.2　喷雾洗涤塔计算模型

6.4.2.1　气-液两相流数值计算模型

采用欧拉-拉格朗日法对高效喷雾洗涤塔内的气液两相流进行数值仿真。假设气体为不可压缩气体，选择可实现 k-ε 湍流模型对气相场进行稳态计算[121,122]。气液两相流进行耦合计算的前提是连续相计算收敛，所以连续相计算收敛后才可以加入离散相进行计算，计算时，颗粒会受到虚拟质量力、流体阻力、升力、压力梯度及重力作用。因此，在拉格朗日坐标系下的运动方程可表示为[123]：

$$\frac{du_{\mathrm{p}}}{dt} = f_{\mathrm{d}}(u - u_{\mathrm{p}}) + \frac{g_x(\rho_{\mathrm{p}} - \rho)}{\rho_{\mathrm{p}}} + f_x \tag{6.23}$$

$$f_d = \frac{18\mu}{\rho_p d_p^2} \frac{C_d Re}{24} \tag{6.24}$$

式中，u_p、f_d、g_x、ρ_p 分别为雾滴速度（m/s）、流体曳力（N）、加速度（m/s²）和雾滴密度（kg/m³）；μ、C_d、d_p 分别为流体动力黏度（Pa·s）、曳力系数和雾滴直径（m）；Re 为雷诺数；f_x 为雾滴所受其他作用力之和（N），包括萨夫曼力升力、马格努斯力、巴赛特力等，由于这些力作用效果较小，在计算中可忽略不计。

在洗涤塔中液滴与高温烟气的传热方式为对流传热，液滴蒸发时会吸收高温烟气的热量，这是喷雾冷却的理论基础[124]。模拟时考虑液滴蒸发对雾化场的影响，其蒸发量取决于液滴与高温气体之间的传质系数和液滴与气体之间的蒸汽浓度差：

$$N_i = k_i \left[\frac{p_{v,s}(T_p)}{RT_p} - X_i \frac{p_{op}(T_\infty)}{RT_\infty} \right] \tag{6.25}$$

式中，N_i、k_i 分别为蒸汽的摩尔流量（kg·mol/(m²·s)）、传质系数（m/s）；$p_{v,s}(T_p)$ 为液滴表面温度为 T_p 时的表面饱和蒸汽压，MPa；X_i 为气相湿度，g/m³；$p_{op}(T_\infty)$、R、T_∞ 分别为环境压强（MPa）、气体常数（J/(mol·K)）、连续相温度（K）。

液滴消耗的质量为：

$$m_p(t + \Delta t) = m_p(t) - N_i A_p M_t \Delta t \tag{6.26}$$

式中，m_p、A_p、M_t 分别为液滴质量（kg）、液滴的表面积（m²）、蒸发组分的摩尔质量（kg/mol）。

液滴温度到达沸点温度后的蒸发率如下：

$$\frac{dd_p}{dt} = \frac{4k_\infty}{\rho_p c_{p,\infty} d_p}(1 + 0.23\sqrt{Re_d})\ln\left[1 + \frac{c_{p,\infty}(T_\infty - T_p)}{h_{fg}}\right] \tag{6.27}$$

式中，k_∞、$c_{p,\infty}$、Re_d、h_{fg} 分别为气相热导率（W/(m·K)）、气相定压比热（J/(kg·K)）、气液相对雷诺数、汽化潜热（J/kg）。

6.4.2.2 计算模型的简化

在对高效喷雾洗涤塔的气液两相流的传质传热过程进行数值仿真时，进行了如下的简化及假设：

（1）忽略喷淋系统中的喷淋管路及其他小构件布置对气体流场的影响；

（2）高效喷雾洗涤塔内气体流动的马赫数（Ma）较低，故将气体视为不可压缩流体；

（3）不考虑气液与壁面之间的换热，将壁面视为绝热壁面；

（4）离散相液滴作为球形颗粒，不考虑液滴内部温度梯度；

（5）洗涤塔内的化学传热远小于其蒸发吸热和对流换热，为便于讨论，忽略塔内的化学反应热；

（6）不考虑辐射传热模型。

6.4.2.3   边界条件及计算工况

图 6.43 所示为转炉湿法除尘新 OG 系统高效喷雾洗涤塔结构示意图，高效喷雾洗涤塔由入口段和主体段组成，根据现场的实际数据进行建模。本节分别对洗涤塔入口段和主体段的喷淋层布置方式进行模拟分析。图 6.44 所示为入口段的物理模型，采用结构化六面体网格对模型进行网格的划分。连续相计算时，边界条件设置为：入口采用速度入口，$v = 13.5 \text{m/s}$，入口烟气温度为 1223K；出口采用自由出流；壁面为无滑移光滑壁面。离散相计算时，喷嘴雾化模型采用压力旋流型喷嘴，喷射介质为水，喷射液滴初始温度为 311K，单个喷嘴的喷射角度为 60°，喷射压力为 1MPa，喷射流量为 0.15kg/s，边界条件的设置：进口和壁面为 "reflect"，出口为 "trap"。

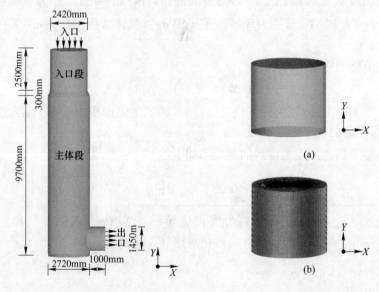

图 6.43   洗涤塔结构示意图   图 6.44   入口段的物理模型与网格
                                        （a）物理模型；（b）网格划分

入口段采用 6 个压力旋流式喷嘴，分为 2 层，每层 3 个喷嘴，交错布置。图 6.45 所示为 3 种工况下洗涤塔的喷嘴的布置方案，图中小圆圈表示喷嘴的安装位置。工况 1 为顺流喷射：第 1 层喷嘴布置在入口平面，第 2 层布置在距离入口 1100mm 的平面上，两层喷嘴的喷射方向均向下；工况 2 为组合喷射：第 1 层与第 2 层喷嘴均布置在距离入口 1100mm 的平面上，第 1 层喷嘴向上喷射液滴，第 2 层喷嘴向下喷射液滴；工况 3 为逆流喷射：第 1 层喷嘴布置在距离入口 1100mm 的平面上，第 2 层布置在距离入口 2200mm 处，两层喷嘴的喷射方向均向下。图 6.46 所示为各喷淋层的喷嘴布置方式，每层有 3 个喷嘴均匀布置在同心圆上，各喷嘴之间的间距为 800mm，且第 1 层与第 2 层喷嘴交错布置。

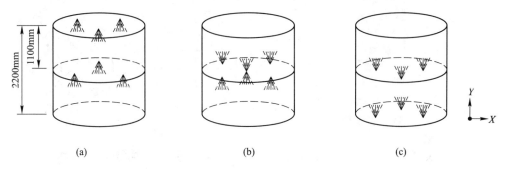

图 6.45　喷嘴喷射方向与纵向布置
（a）工况 1：顺流喷射；（b）工况 2：组合喷射；（c）工况 3：逆流喷射

图 6.47 所示为高效喷雾洗涤塔的主体段模型，采用结构化六面体网格对模型进行网格划分。对高效喷雾洗涤塔主体段的喷淋层布置方式进行模拟分析时，在入口段均采用逆流喷射方式模拟。连续相计算时，边界条件设置为：主体段入口采用速度入口，$v = 13.5\text{m/s}$，入口烟气温度为 1223K；出口采用自由出流；壁面为无滑移光滑壁面。离散相计算时，喷嘴雾化模

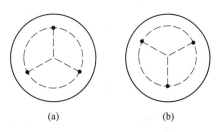

图 6.46　各喷淋层的喷嘴布置
（a）第一层；（b）第二层

型采用压力旋流型喷嘴，喷射介质为水。喷射液滴初始温度为 311K，单个喷嘴的喷射角度为 60°，喷射压力为 1MP，喷射流量为 0.15kg/s，边界条件的设置：进口和壁面为"reflect"，出口为"trap"。

主体段每个喷淋层采用 13 个压力旋流式喷嘴，相邻喷嘴间距为 500mm 均匀布置，相邻两层喷淋主管之间的夹角为 45°，每层交错布置。图 6.48 所示为各喷淋层喷嘴的布置方式。

按照图 6.49 所示各层喷嘴的布置方式，分别讨论以下 3 种工况，即工况 4：主体段设置 3 层喷嘴，各喷淋层之间的间距为 2350mm；工况 5：主体段设置 4 层喷嘴，各喷淋层之间的间距为 1880mm；工况 6：主体段设置 5 层喷嘴，各喷淋层之间的间距为 1560mm。

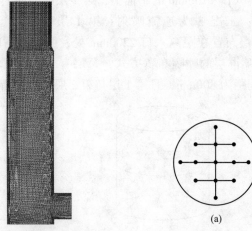

图 6.47　洗涤塔主体段的网格

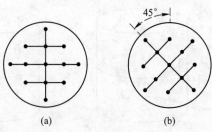

图 6.48　各层喷嘴的布置方式
(a) 奇数层; (b) 偶数层

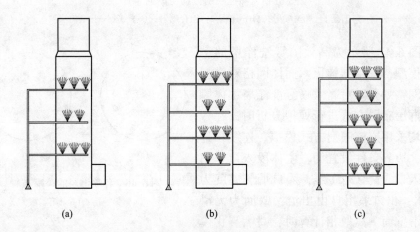

图 6.49　主体段喷嘴的布置方式
(a) 工况 4: 3 层喷嘴; (b) 工况 5: 4 层喷嘴; (c) 工况 6: 5 层喷嘴

6.4.2.4　网格无关性验证

为了排除网格数量对数值计算准确性的影响, 本节对洗涤塔的入口段和主体段分别进行了网格依赖性检验, 采用结构化六面体网格进行网格划分, 计算了不同网格数量下的索太尔平均直径 (SMD), 结果如图 6.50 所示。从图中可以看出, 当网格数量分别为 67 万和 174 万时, 洗涤塔入口段和主体段的 SMD 值基本趋于稳定, 因此为了减少计算量, 最终洗涤塔入口段和主体段分别采用 67 万和 174 万网格数量进行后续的数值计算。

6.4.2.5　实验验证

为了验证数值计算模型的可靠性，对比数值仿真结果与实验数据吻合度的高低。图 6.51 所示为雾化喷嘴数值仿真计算所得的 SMD 值与相同工况下实验研究所得 SMD 值的比较结果，从图可以看出，SMD 的数值仿真值与实验测试值吻合较好，相对误差在 9% 以内，表明本节的计算模型是可信的。

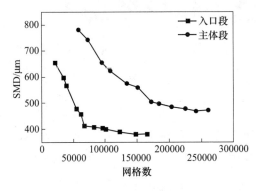

图 6.50　网格数量对 SMD 的影响　　　　图 6.51　SMD 实验值与模拟值对比

6.4.3　主要结果与讨论

6.4.3.1　洗涤塔入口段喷嘴布置方式的模拟分析

图 6.52 所示为洗涤塔入口段数值仿真得出的 3 种工况下液滴的驻留时间，由图可见，每层 3 个喷嘴，在各水平截面上均匀布置，在曳力和重力的共同作用下液滴首先扩散开来，随着喷雾范围逐渐增大，液滴充满整个进口段。喷嘴顺流喷射时液滴在入口段的驻留时间最短，这是由于该工况下 2 层喷嘴的方向均向下，液滴从喷嘴喷出后顺着气体流动方向直接流向出口处，气体与液滴的相对速度方向相同，液滴与气体之间发生碰撞，液滴下降的速度增加使其在入口段停留时间较短；而喷嘴逆流喷射的液滴驻留时间较长，液滴从喷嘴喷出后，沿着与气流相反的方向向气体入口处流动，液滴与气体之间的阻力增大，之后再顺着气流方向流向出口处，使得入口段内积留的液滴量增加，液滴在入口段的驻留时间长。

图 6.53 所示为在 3 种工况下入口段出口截面 x 轴方向上的速度变化规律及各工况出口截面的速度分布云图。当喷嘴顺流喷射和组合喷射时，出口截面的气相速度变化波动较大，采用顺流喷射时，出口截面左侧的速度比右侧的速度大；组合喷射时，出口截面中部的速度较大；而喷嘴为逆流喷射时，出口截面的速度

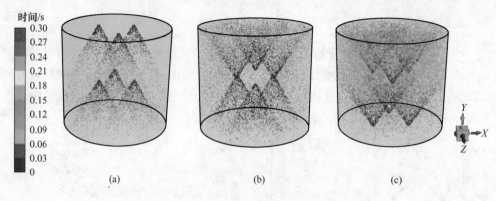

图 6.52　液滴驻留时间

（a）工况 1；（b）工况 2；（c）工况 3

变化波动较小，速度分布较为均匀，这种情况更有利于提高气液之间的传热效果。由此可见，采用逆流喷射时，对入口段的气体流场分布具有整合作用。

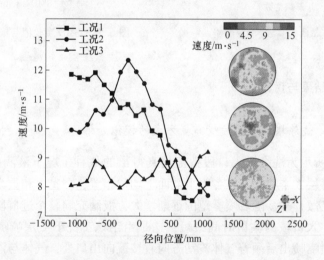

图 6.53　出口速度分布规律

　　图 6.54 所示为在 3 种工况下入口段的出口截面 x 轴方向上的温度变化规律及各工况出口截面的温度分布云图。从图中可以看出，当喷嘴顺流喷射和组合喷射时，出口截面的温度变化波动较大；而喷嘴为逆流喷射时，出口截面的温度变化较为均匀，温度值相对较低。通过与图 6.53 对比分析可知，雾化场的流场分布越均匀，气液接触就越充分，换热效果更好。

　　综合以上分析结果可知，在入口段采用工况 3 即逆流喷射时，雾化场的气流分布和降温效果最佳。在下文对主体段进行数值仿真时，入口段均采用上述的逆

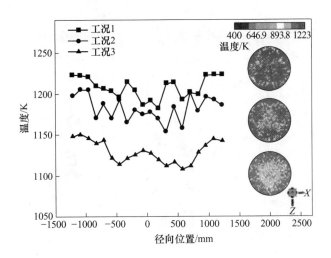

图 6.54 出口温度分布规律

流喷射方式。

6.4.3.2 洗涤塔主体段喷嘴布置方式的模拟分析

烟气的速度分布对洗涤塔的性能影响较大，因此，本节全面分析了塔内的气流分布情况。图 6.55 所示为液滴驻留时间为 3s 时，不同工况下的喷嘴布置方案下洗涤塔中心纵向截面上的速度分布云图，该图表明，当喷淋层数为 3 层和 4 层时，气流在主体段塔体的中部的速度较小，而靠近壁面处速度较大；当喷淋层数设置为 5 层时，气流在主体段塔体内的分布较为均匀。由于喷射的液滴与气体之间的耦合作用，对洗涤塔内的气体分布产生了很大的影响，工况 4 和 5 的洗涤塔主体段速度流场相似，气体流经各喷淋层之后速度降低，气流所受的阻力增加。在塔的边缘近壁面处气体的流速较大，这是由于在洗涤塔内的近壁面处液滴交叠密度比塔内的中部小，该区域气体的阻力较小，气体流经时的速度较大。喷淋层数的增加在一定程度上可以对气体流场起到整流的效果。工况 6 即洗涤塔内有 5 个喷淋层时主体段的速度分布较为均匀，气流在主体段的均匀性可以有效提高洗涤塔内的持液量，有利于增强气液之间的传质能力。工况 6 在洗涤塔主体段中心位置附近较大区域内的气流速度在 2~4m/s 之间，有助于提高气体与液滴的作用时间，使换热降温效果更充分。

图 6.56 所示为不同喷淋方式下，水平截面平均湍动能沿洗涤塔高度方向上的变化，图中箭头表示的是各工况下喷淋层所在的位置，以便观察分析。随着喷淋层数的增多，塔内的平均湍动能也逐渐增高，因为相应的塔内液滴喷淋量和单位体积内的液相占比增大，塔内高湍动能的范围随之增加。湍动能的变化波动较

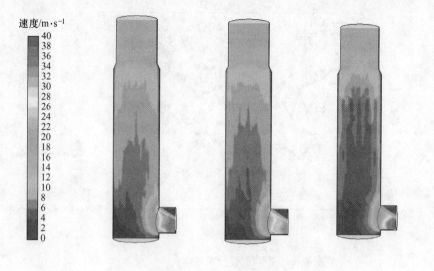

图 6.55   中心纵截面的速度分布云图

大的区域发生在喷淋层附近的位置，由于采取逆喷方式布置喷嘴，气流与液滴之间产生剧烈的碰撞使两相之间产生了强烈的湍动，因此喷淋层对气流的扰动作用较大。

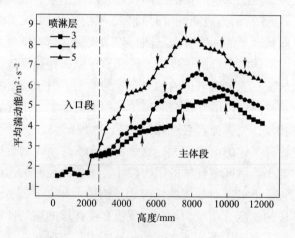

图 6.56   塔内水平截面平均湍动能的变化

为了能够清晰地比较洗涤塔内不同截面处的温度变化情况，分别在高效喷雾洗涤塔入口段和主体段建立 6 个水平截面，各水平截面与洗涤塔入口的垂直距离分别为 2000mm、4000mm、6000mm、8000mm、10000mm、12000mm，以研究在不同横向位置洗涤塔温度分布的特点。图 6.57 所示为液滴驻留时间为 3s 时不同喷嘴布置方案下的水平截面上气相温度分布云图。由图可知，随着烟气与液滴传热的进行，气体的温度均开始下降。在高温气体经过喷淋层后，气体由于液滴蒸发吸收大量的热使其在垂直方向上气体的温度下降速度较快。当喷淋层数设置为3 层时，温度梯度比较小；当喷淋层数为 5 层时，温度梯度比较大。表明随着喷淋层数增加时，喷淋层的垂直间距减小，相当于湍流层的孔隙率减小，气体能通过的有效流通体积变小，穿过湍流层的气体速度变大，气体与液滴之间的摩擦阻力增加，液体更难穿过湍流层，气液之间的换热效果增强。

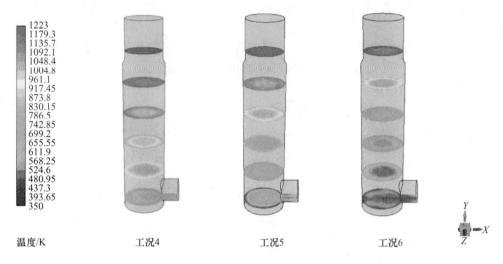

图 6.57　水平截面温度分布云图

图 6.58 所示为 3 种工况下水平截面的水蒸气质量分数分布图，通过与图6.57 对比可以看出，温度分布云图与水蒸气质量分数分布图之间相互对应，洗

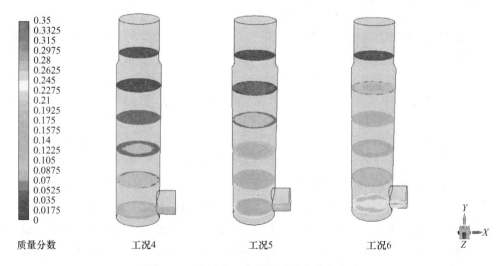

图 6.58　水平截面水蒸气质量分数分布图

涤塔中的液滴蒸发冷却过程与烟气的降温过程变化基本一致。表明喷淋层数增加，塔内的持液量增大，塔内的喷淋密度相应增大，具有更大的有效比表面积，有利于气液两相之间的传质与传热。

6.5 基于响应面法 SCR 脱硝反应器喷氨格栅的优化研究

6.5.1 背景分析

随着工业生产规模不断扩大，大量的含硫化合物、含氮化合物排入大气中，引起大气污染[125]。我国政府对环境保护的力度不断加强，针对环境保护连续出台了相关的规划措施，如《节能减排"十三五"规划》中提出了在 2020 年要保证国内 SO_2 和 NO_x 的排放总量相比于 2015 年减少 15%的约束性目标，表明近年来对大气污染物排放的控制越来越严[126]。2019 年制定的《关于推进实施钢铁行业超低排放的意见》中提出，焦化行业的 NO_x 排放浓度不得高于 50mg/m³，为了达到排放标准，焦炉烟道气体必须经过净化方能排放。

烟气脱硝作为最重要的大气污染控制技术之一，已成为工业企业达到环境标准的必要措施[127]。烟气脱硝市场上常用的技术有选择性催化还原技术（SCR）、选择性非催化还原技术（SNCR）[128,129]。SNCR 技术存在氨逃逸率高、脱硝效率低的问题，SCR 技术氨逃逸率较低，脱硝效率可达 90%[128]，且不会产生二次污染、技术成熟。为了进一步降低焦炉烟气中 NO_x 的排放，提升 SCR 脱硝反应器整体脱硝效率至关重要。因此许多学者针对系统内混合气体的均匀性和喷氨格栅的结构改进开展了相关研究。Adams 等人[130]在通过数值模拟对 SCR 脱硝系统进行优化研究的过程中，模拟了脱硝装置流场中速度和压力的变化以及混合烟气在反应器中的混合情况，并且以此为依据，对 SCR 脱硝反应器的烟道和喷氨格栅的结构进行了优化设计。

Sayre[131]针对 SCR 脱硝系统的设计提出了一项新型准则，此准则并没有考虑在 SCR 脱硝反应实际过程中的化学反应和传质模型，但是其通过数值模拟的方法，直观展示了反应器中烟气流量不均匀性以及氨氮比分布不均匀性对 SCR 脱硝还原反应整体的影响。Rogers 等人[132]对 SCR 脱硝系统效率的影响因素进行了研究，着重分析了反应器内流场不均匀性、混合烟气氨氮比不均匀性和温度不均匀性等参数对反应器造成的影响，分析后得到，氨氮比不均匀性对 SCR 脱硝系统的效率影响是最大的也是最主要的，究其原因是氨氮比分布的均匀性会直接决定还原反应在催化剂层的反应情况。王为术等[133]采用数值模拟的方法对 SCR 脱硝系统进行了分析研究，发现流场均匀性降低时会对反应器内部的氨氮匹配效果造成巨大影响，导致氨氮匹配效果变差且脱硝系统效率降低。凌忠钱等[134]对

SCR 脱硝系统进行数值模拟时，侧重分析了 SCR 脱硝反应器内部的导流板的布置与混合烟气的氨氮比之间的关系。研究表明，导流板的合理布置会大大增加反应器内部流场的均匀性，从而会影响混合烟气的氨氮匹配效果，其结果为 SCR 脱硝系统中的导流板设计和喷氨格栅的结构优化提供了坚实的基础。董建勋等[135]对 SCR 脱硝系统进行了相关研究，在系统脱硝效率保持一定的情况下，反应器出口氨逃逸率与混合烟气的氨氮比不均匀性之间存在着相关关系，分析表明，氨氮比不均匀性的增加会导致氨逃逸量呈现指数形式的增长。在这种情况下，为了降低氨逃逸率则必须适当减少喷氨量。

方朝君等[136]对 SCR 脱硝系统非均匀性喷氨现状进行了研究，发现在反应器出口的氨逃逸率符合国家相关标准的前提下，SCR 脱硝系统最大脱硝效率由 87% 降至 75%。为了能实现在降低出口氨逃逸率的同时提高脱硝效率，许多技术人员采用最为简单的方式，就是增加催化剂层。但是，此方法不仅初期成本高而且对反应器整体的负担过大。王乐乐等[137]通过对工业现场运行的 SCR 脱硝系统的数据进行分析，得出想要实现反应器出口氮氧化物超低的排放目标，首要且关键的是提高反应器烟道内氨氮比的均匀性，此时喷氨格栅的优良结构尤为重要。Jin 等[138]在对 SCR 脱硝系统进行建模分析的研究中，对喷氨格栅采用分区划分的方式，将不同喷氨方式划分策略下的反应器出口的氮氧化物浓度分布进行对比分析，最终获得了最优的喷氨分布方案。孙虹等[139]针对 1000MW 锅炉的 SCR 脱硝反应器开展了研究，采用数值模拟的方法对反应器内部的喷氨格栅的喷氨策略进行研究，经过数值模拟的多次试算得出对喷氨格栅的喷口采用合理分区划分的方式，获得了最优的喷氨策略。张祥翼[140]在工业现场实际运行中对喷氨系统进行了改造，包括将喷氨格栅更换成防堵灰喷、氨格栅喷氨系统采用分区混合动态调平技术，其结果可降低氨逃逸率。宋玉宝等[141]提出定期进行喷氨格栅氨气流量分配调整可以改善 SCR 脱硝反应均匀性和降低局部氨逃逸。Xiao 等[142]对工业现场实际运行的 SCR 脱硝系统进行测试调整后发现，反应器的烟道处采用不同结构的喷氨格栅，会对反应器整体的脱硝效率和出口氨逃逸率造成很大的影响，所以针对喷氨格栅的结构进行了大量的分析和优化，得出了适合该脱硝系统的喷氨格栅结构。

综上，目前国内外诸多学者对 SCR 脱硝反应器内喷氨格栅的研究工作主要是针对喷氨格栅支管上喷口的流量控制方面，而对喷氨格栅喷口结构优化方面的研究相对较少，并且这方面也仅仅针对喷口孔径和喷射方向的单方面因素，而对喷氨格栅的喷口密度、开孔率和喷口角度等综合结构的研究较少。基于此，本节通过使用响应面法以系统内氨浓度分布不均匀系数为优化目标，对喷氨格栅的喷口密度、开孔率和喷口角度等参数进行优化，以得到系统内喷氨格栅的最优结构参数。

6.5.2 喷氨格栅计算模型

6.5.2.1 响应面设计

响应面法（RSM）作为一种科学的实验设计方法，是将数学方法和统计学方法进行紧密的结合，其主要用来评价试验变量和优化不同响应变量之间的关系。其基本原理：首先依据经验设计出最符合实际条件的工况，接着通过计算得出相应的数据，然后通过回归方程拟合出各变量与响应值之间的关系式，紧接着研究与优化各因素与响应值间的作用和影响[143,144]。根据上述基本原理，本节选用二次响应面方程，并考虑所有的一次项、二次项和交互项，响应面方程可表示为：

$$Y = \beta_0 + \sum_{i=1}^{k} \beta_i X_i + \sum_{i=1}^{k} \beta_{ii} X_i^2 + \sum_{i=1}^{k} \beta_{ij} X_i X_j + e(X_1, X_2, \cdots, X_k) \quad (6.28)$$

式中，Y 为响应值；X_i 为自变量；β_i，β_{ii}，β_{ij} 分别代表一次、二次、交互作用项的回归系数；k 是影响因素的数量；e 为误差。

为了更加高效简便地计算响应面方程中的回归系数，按照下式将所有变量进行规范化处理。

$$x_i = \frac{X_i - \overline{X_i}}{(1/2)(X_{iH} - X_{iL})} \quad (6.29)$$

式中，X_{iH} 和 X_{iL} 分别为变量的最大值、最小值；$\overline{X_i}$ 为变量的平均值。

本节的研究对象为某焦化厂 SCR 脱硝反应装置，反应器由上行烟道、水平烟道和下行烟道组成，烟气经上行烟道和水平烟道流动至催化剂层进行脱硝反应。该反应器整体的几何模型如图 6.59（a）所示，系统内喷氨格栅的几何模型如图 6.59（b）所示，表 6.7 为反应器整体的几何尺寸。

表 6.7 SCR 脱硝反应器几何尺寸

SCR 反应器	尺　寸
进口截面尺寸/mm×mm	4393×9588
烟道截面尺寸/mm×mm	2400×11000
反应器主体截面尺寸/mm×mm	8050×11000
出口截面尺寸/mm×mm	4393×9588
催化剂层厚度/mm×mm	1150
催化剂孔隙率	0.718
反应器高度/mm	22310
整流格栅孔尺寸/mm×mm	340×200

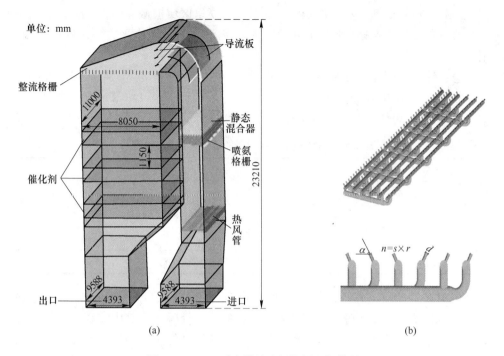

图 6.59 SCR 反应器及喷氨格栅几何模型

(a) SCR 脱硝反应器几何模型；(b) 喷氨格栅几何模型

喷氨格栅的每根喷管上有若干喷口。图 6.59（b）中 s 为单组喷氨格栅喷管数（个），r 为单根喷管上喷口数（个），n 为单组喷氨格栅喷口总数（个），d 为喷氨格栅喷口直径（mm），α 为喷氨还原剂流动方向与水平方向之间夹角。

6.5.2.2 因素与响应

本节主要研究 SCR 脱硝反应器中的喷氨格栅结构参数对 SCR 脱硝反应器内还原剂浓度分布的影响，选用完全二次回归模型，以喷口密度 N、开孔率 ψ、喷口角度 α 和反应器进口烟气流量 Q 等 4 个影响因素，通过 Box-Behnken 试验设计（BBD）并采用四因素三水平方法对数值计算工况进行设计。BBD 试验是 RSM 二级模型中的一种设计类型，此设计是二阶三水平的拟合响应面设计，设计的试验次数可通过式（6.30）计算得到：

$$N = 2K(K - 1) + C_0 \qquad (6.30)$$

式中，K 为因素的个数；C_0 代表 N、ψ 和 C_ρ，见式（6.31）~式（6.33）。

$$N = n/A \qquad (6.31)$$

式中，n 为喷氨格栅的喷口数，个；A 为喷氨区域横截面面积，m^2。

$$\psi = A_0/A \qquad (6.32)$$

式中，A_0 为喷氨格栅的喷口面积和，m^2；A 为喷氨区域横截面面积，m^2。

喷口角度是喷氨格栅中喷口喷射的还原剂烟气与烟道水平方向之间的夹角，用 α 表示。

通过计算，共需 27 次数值实验。各因素取值范围分别为 $N = 7.95 \sim 11.36m^{-2}$、$\psi = 0.0178 \sim 0.0302$，$\alpha = 45° \sim 90°$、$Q = (49.6 \sim 148.8) \times 10^4 m^3/h$[145]。$Q$ 用进口处 Re 表征，表 6.8 为上述 4 个因素的最低和最高水平值。

表 6.8　RSM 模型中各因素的最低和最高水平值

因素	x_i	X_{iL}	X_{iH}
N/m^{-2}	X_1	7.95	11.36
ψ	X_2	0.0178	0.0302
$\alpha/(°)$	X_3	45	90
Re	X_4	1419846.78	4255198.32

在 SCR 脱硝反应器中，首层催化剂入口处还原剂氨与烟气中 NO_x 的混合均匀性是影响反应器整体脱硝效率和氨逃逸率的决定性因素。其中喷氨格栅的结构对还原剂氨浓度场的均匀性有着重要的影响。还原剂氨浓度的均匀性评价可用浓度不均匀系数 C_ρ 来进行定量的衡量，其表达式如下：

$$C_\rho = \sqrt{\frac{1}{n} \sum_{i=1}^{n} \left(\frac{c_i - \overline{c}}{\overline{c}} \right)^2} \times 100\% \qquad (6.33)$$

式中，c_i 为测点氨浓度，kg/m^3；n 为断面的测点数；$\overline{c}$ 为测点断面的平均氨浓度，kg/m^3。

取首层催化剂入口处氨浓度不均匀系数作为衡量脱硝效果好坏的指标，并将其作为目标函数 Y，即响应值。

6.5.2.3　数值计算模型

采用 ICEM 对 SCR 脱硝反应器进行网格划分。由于喷氨格栅是重点的研究对象并且格栅附近、烟道的弯道处以及整流格栅上游处等是不规则的区域，所以对这些区域采用四面体非结构化网格划分，并且进行局部加密处理。对于反应器主体部分相对较为规则的区域，使用六面体结构化网格。SCR 脱硝反应器网格模型如图 6.60 所示。

SCR 脱硝反应器内部计算区域的气流为高度湍流状态，同时喷氨格栅喷出的气流速度较大，本节采用的是标准 k-ε 湍流方程模型[146,147]。并且 SCR 脱硝反应器中流动介质含有烟气与氨气，因此采用组分输运模型[148,149]，控制方程如下：

$$\frac{\partial}{\partial t}(\rho\omega_i) + \nabla(\rho u\omega_i) = \nabla J_i + R_i + S_i \tag{6.34}$$

式中，ρ 为流体的密度，kg/m³；u 为流体速度，m/s；ω_i 为组分 i 的质量分数；J_i 为组分 i 的扩散通量；R_i 为组分 i 的化学反应速率；S_i 为源项导致的额外产生速率。

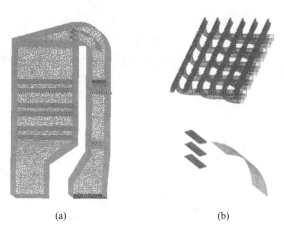

(a)   (b)

图 6.60   SCR 脱硝反应器网格模型

(a) 整体网格；(b) 局部网格

模拟中只考虑氨气与烟气混合，不考虑物质之间的化学反应，故 $R_i = S_i = 0$。

SCR 脱硝反应器的边界条件如图 6.61 所示。SCR 脱硝反应器烟道的进口截面设为速度入口（velocity inlet）；喷氨格栅的喷口处截面设置为速度入口，管道边界设置为内壁面（internal wall）；热风管的喷口处截面设置为速度入口，管道边界设置为内壁面；静态混合器、导流板和整流格栅作为反应器内部的整流装置，边界条件均设置为内壁面；反应器出口截面设为压力出口（pressure outlet），出口处静压值设置为 0；反应器的壁面边界设置为固体壁面（wall），采用无滑移边界条件；反应器内催化剂层采用多孔介质模型处理。

在对 SCR 脱硝反应器进行数值计算研究之前，为了提高数值计算的精度，需要排除网格数量对计算造成的影响。因此，对 SCR 脱硝反

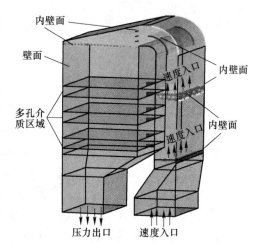

图 6.61   SCR 脱硝反应器的边界条件

应器的几何模型进行了网格无关性的检验，分别计算了在不同的网格数量下脱硝反应器的压力损失和首层催化剂上方 500mm 处截面的氨浓度。图 6.62 所示为 SCR 脱硝反应器在一定的烟气进口流量下，网格数量对压力损失和首层催化剂上方 500mm 处截面的氨浓度的影响。由图可知，在网格数量较少时，反应器进出口的压力损失随着网格数量的增加逐步降低，呈现负增长的趋势；在网格数增加到 450 万时，反应器进出口阻力趋于稳定；首层催化剂上方 500mm 处截面的氨浓度随着网格数量的增加不断增大，呈现正增长趋势，该截面处的氨浓度的变化趋势已经不明显。综合考虑数值计算的准确性以及数值计算的成本，采用网格数为 450 万的网格模型。

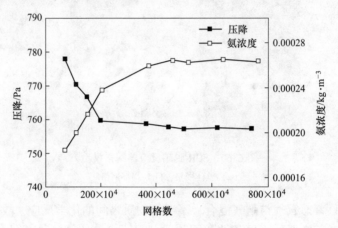

图 6.62　网格数对 SCR 脱硝反应器压力损失和氨浓度分布的影响

本节主要模拟了由响应曲面设计得到的 27 种不同喷氨格栅结构工况下反应器内氨浓度分布的均匀性，并计算得到了每种工况下首层催化剂上方 500mm 截面处的氨浓度分布不均匀系数值，工况以及对应的氨浓度分布不均匀系数值在表 6.9 中给出。

6.5.2.4　数值计算模型的验证

为了验证数值计算模型的准确性，本节采用 EM-5 型烟气排放连续监测系统对 SCR 脱硝反应器进行实际监测，在系统的不同入口风速条件下，将 SCR 脱硝反应器进出口的压力损失和温度差的数值模拟结果与 EM-5 监测所得的实验值进行比较，所得的压力损失关系如图 6.63（a）所示，温度差关系如图 6.63（b）所示。由图可以看出，实验值与模拟值之间存在着一定量的偏差，反应器压力损失和温度差的最大误差在 11.8% 以内，表明本节采用的 k-ε 湍流模型对 SCR 脱硝反应器的流场进行模拟是可行的。为了探究反应器内氨浓度分布均匀性与反应器整体脱硝效率之间的关系，在系统的不同入口风速条件下，将 SCR 脱硝反应器首层催化剂上方 500mm 处截面数值计算模拟的氨浓度分布不均匀系数与 EM-5 监测所得的反应器出口的脱硝效率进行比较。从图 6.64 可知，SCR 脱硝反应器内的氨浓度分布不均匀系数与实际运行状态下的脱硝效率之间存在负增长的定性关系，所以氨浓度分布不均匀系数可作为 SCR 脱硝反应器整体脱硝效率的评价指标，而且表明采用 k-ε 湍流模型和组分运输模型对 SCR 脱硝反应器的氨浓度场进行模拟是完全可行的[139,141,150]。

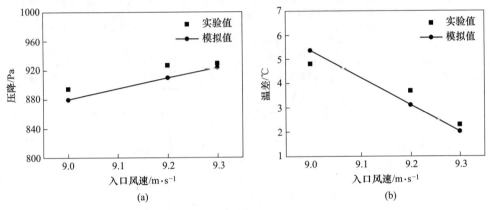

(a)　　　　　　　　　　　　　　(b)

图 6.63　SCR 脱硝反应器压力损失及温度差实验值与模拟值的对比

（a）系统压力损失实验值与模拟值的对比；（b）系统温度差实验值与模拟值的对比

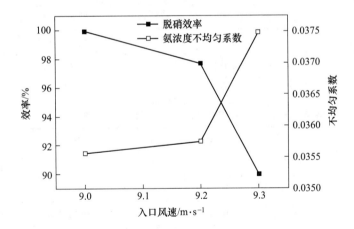

图 6.64　SCR 脱硝反应器氨浓度不均匀系数与脱硝效率的对比

6.5.3　主要结果与讨论

6.5.3.1　模型的方差分析

表 6.9 为不同工况下数值计算得到的氨浓度分布不均匀系数值。

表 6.9   各工况下 SCR 脱硝反应器内的氨浓度分布不均匀系数值

序号	X_1	X_2	X_3	X_4	Y
1	11.36	0.024	67.5	4255198.32	0.062595
2	9.655	0.024	67.5	2837522.55	0.023182
3	9.655	0.0178	67.5	4255198.32	0.022199
4	9.655	0.0178	45	2837522.55	0.026704
5	9.655	0.024	90	4255198.32	0.013501
6	9.655	0.0302	67.5	4255198.32	0.025827
7	7.95	0.024	90	2837522.55	0.025728
8	11.36	0.024	67.5	1419846.78	0.061198
9	7.95	0.0302	67.5	2837522.55	0.028217
10	9.655	0.0178	67.5	1419846.78	0.023827
11	9.655	0.0302	90	2837522.55	0.014672
12	7.95	0.0178	67.5	2837522.55	0.028126
13	9.655	0.024	45	1419846.78	0.032466
14	9.655	0.024	90	1419846.78	0.025423
15	9.655	0.0302	45	2837522.55	0.026865
16	9.655	0.024	45	4255198.32	0.033256
17	9.655	0.0302	67.5	1419846.78	0.024408
18	11.36	0.024	45	2837522.55	0.064562
19	9.655	0.024	67.5	2837522.55	0.023182
20	9.655	0.0178	90	2837522.55	0.021826
21	11.36	0.0302	67.5	2837522.55	0.050897
22	11.36	0.0178	67.5	2837522.55	0.058185
23	11.36	0.024	90	2837522.55	0.052105
24	9.655	0.024	67.5	2837522.55	0.023182
25	7.95	0.024	45	2837522.55	0.033678
26	7.95	0.024	67.5	1419846.78	0.029929
27	7.95	0.024	67.5	4255198.32	0.029326

表 6.10 给出了氨浓度分布不均匀系数 Y 的二阶模型的方差分析。表中的 P

值表示特定变量的影响是否显著，尤其是模型中存在其他变量的条件下。通常情况下，当 $P \leqslant 0.05$ 时，此时因素的影响是非常显著的；并且因素对目标函数的影响随着 P 值的减小将变得越发显著；当 P 值较小时，表明计算结果与模型的吻合度较高，亦可证明此计算的准确性[151]。

表 6.10   二阶模型的方差分析

来源	自由度	Seq SS	Adj SS	Adj MS	F	P
回归	14	0.005626	0.005626	0.0004018	65.39	0.000
线性	4	0.002901	0.002901	0.0007252	118.02	0.000
平方	4	0.002181	0.002181	0.0005453	88.73	0.000
交互作用	6	0.000076	0.000076	0.0000127	2.057	0.045
残差误差	12	0.0000737	0.0000737	0.0000061		
合计	26	0.0057				
		$S = 0.002479$ $R^2 = 0.9871$ $R_{adj}^2 = 0.9720$				

注：R^2 表示回归方程的相关性平方值，R_{adj}^2 表示校正系数。

表 6.11 为以编码形式表示的 SCR 脱硝反应器氨浓度分布均匀性的回归系数，由表中可得出，因素常数项，一次项 X_1、X_3，二次项 $X_1 \times X_1$、$X_4 \times X_4$ 等对 SCR 脱硝反应器内氨浓度分布不均匀系数高度显著，交互项 $X_3 \times X_4$ 对 SCR 脱硝反应器内氨浓度分布不均匀系数显著，其余项均不显著。

表 6.11   SCR 脱硝反应器内的氨浓度分布不均匀系数 Y 的回归系数（编码）

项	系数	标准差系数	T	P	项	系数	标准差系数	T	P
常量	0.0230	0.00143	16.083	0.000	$X_4 \times X_4$	0.00242	0.00107	2.2616	0.043
X_1	0.0150	0.00071	21.126	0.000	$X_1 \times X_2$	−0.0018	0.00123	−1.4634	0.163
X_2	−0.0008	0.00072	−1.1111	0.268	$X_1 \times X_3$	−0.0011	0.00122	−0.9016	0.381
X_3	−0.0054	0.00072	−7.5000	0.000	$X_1 \times X_4$	0.0005	0.00123	0.4065	0.694
X_4	−0.0008	0.00071	−1.1267	0.243	$X_2 \times X_3$	−0.0018	0.00124	−1.4516	0.166
$X_1 \times X_1$	0.0020	0.00107	1.8692	0.000	$X_2 \times X_4$	−0.0007	0.00123	−0.5691	0.550
$X_2 \times X_2$	−0.0016	0.00106	−1.5094	0.161	$X_3 \times X_4$	−0.0031	0.00124	−2.5000	0.025
$X_3 \times X_3$	0.00077	0.00107	0.7196	0.483					

注：$R^2 = 0.9871$、$R_{adj}^2 = 0.9720$。

表 6.12 为以非编码形式表示的压力峰值回归系数，由表 6.12 可获得目标函数的二次响应面方程为：

$$Y = 0.5075 - 0.1187X_1 - 4.1899X_2 + 0.00044X_3 + 0.00688 \times 10^{-3}X_1^2 -$$
$$41.6721X_2^2 - 0.1745X_1X_2 - 0.000029X_1X_3 - 0.0131X_2X_3 \qquad (6.35)$$

表 6.12　SCR 脱硝反应器内的氨浓度分布不均匀系数 Y 的回归系数（非编码）

项	系数	标准差系数	T	P	项	系数	标准差系数	T	P
常量	0.510	0.064	7.968	0.000	$X_4 \times X_4$	0.000	0.000	0.000	0.043
X_1	-0.120	8.11×10^{-3}	-14.79	0.000	$X_1 \times X_2$	-0.170	0.120	-1.417	0.163
X_2	4.190	1.900	2.205	0.048	$X_1 \times X_3$	-2.94×10^{-5}	3.23×10^{-5}	-0.910	0.381
X_3	4.36×10^{-4}	4.87×10^{-4}	0.895	0.389	$X_1 \times X_4$	2.09×10^{-10}	5.13×10^{-10}	0.407	0.694
X_4	-4.82×10^{-9}	7.23×10^{-9}	-0.667	0.518	$X_2 \times X_3$	-0.013	0.0089	-1.461	0.166
$X_1 \times X_1$	6.88×10^{-3}	3.69×10^{-4}	18.645	0.000	$X_2 \times X_4$	8.67×10^{-8}	1.41×10^{-7}	0.615	0.550
$X_2 \times X_2$	-41.67	27.92	-1.492	0.161	$X_3 \times X_4$	0.000	0.000	0.000	0.025
$X_3 \times X_3$	1.54×10^{-6}	2.12×10^{-6}	0.726	0.483					

6.5.3.2　分析与讨论

图 6.65 所示为各因素交互影响下 SCR 脱硝反应器内氨浓度分布不均匀系数 Y 的响应曲面图。图 6.65（a）所示为响应值 Y（氨浓度不均匀系数）与影响因素 X_1（喷口密度 N）、X_2（开孔率 ψ）之间的关系，由图可知，因素 X_3（喷口角度 α）和 X_4（反应器进口 Re）保持不变时，因素 N 对 SCR 脱硝反应器内氨浓度分布不均匀系数的影响比因素 ψ 更加显著；反应器内氨浓度分布不均匀系数响应值 Y 随因素 N 的增大呈现出先减小后增大的趋势，因素 ψ 的增加对氨浓度分布不均匀系数响应值 Y 影响程度较小。氨氮混合均匀性与氨浓度分布均匀性具有一致性[152]，高畅等[153]的研究结果表明随着喷口密度 N 增大可改善氨氮混合效果，即喷口密度 N 增大将使得氨浓度分布均匀性提高，因此章节研究的结果与高畅等人研究结果在 N 较小时趋势一致。当喷口密度继续增大，氨浓度分布不均匀系数增加，是因为喷口数量过于密集，影响了喷氨格栅下方的来流烟气的流动均匀性，从而间接导致氨浓度分布均匀性下降。

图 6.65（b）所示为响应值 Y 与因素 N、α 之间的关系，由图可知，当因素 ψ 和 Re 保持不变时，因素 N 对 SCR 脱硝反应器内氨浓度分布不均匀系数的影响比因素 α 更加显著；反应器内氨浓度分布不均匀系数响应值 Y 随因素 N 的增大呈现出先减小后增大的趋势，随着因素 α 的增加，响应值 Y 呈现逐渐减小的趋势，但其影响程度较低，变化趋势不显著。

图 6.65（c）所示为响应值 Y 与因素 N、Re 之间的关系，由图可知，当因素 ψ 和 α 保持不变时，因素 N 对 SCR 脱硝反应器内氨浓度分布不均匀系数的影响比因素 Re 更加显著；反应器内氨浓度分布不均匀系数响应值 Y 随因素 Re 的增大呈现先减小后增大的趋势，随着因素 N 增大，此时响应值 Y 主要受因素 N 影响。

图 6.65（d）所示为响应值 Y 与因素 ψ、α 之间的关系，由图可知，当因素

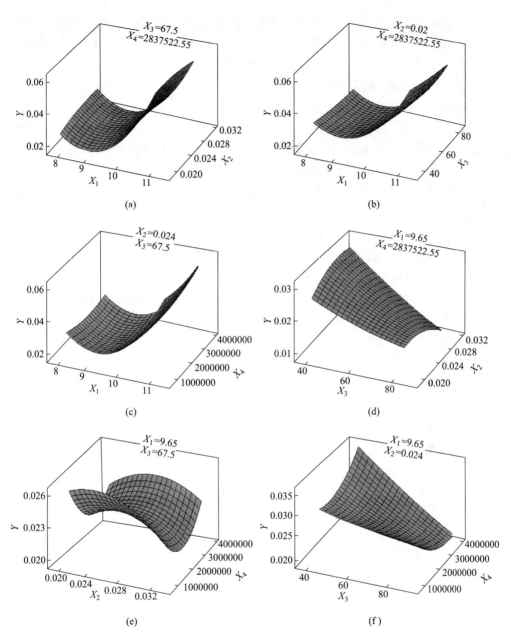

图6.65 不同因素对SCR脱硝器系统氨浓度分布不均匀系数的影响

N和Re保持不变时，因素α对SCR脱硝反应器内氨浓度分布不均匀系数的影响比因素ψ更加显著；反应器内氨浓度分布不均匀系数响应值Y随因素ψ的增大呈现先增大后减小的趋势，随着因素α的增大，此时响应值Y主要受因素α影响。

图6.65（e）所示为响应值Y与因素ψ、Re之间的关系，由图可知，当因素

N 和 α 保持不变时，因素 ψ 对 SCR 脱硝反应器内氨浓度分布不均匀系数的影响比因素 Re 更加显著；反应器内氨浓度分布不均匀系数响应值 Y 随因素 Re 的增大呈现先减小后增大的趋势，随着因素 ψ 的增大，此时响应值 Y 的变化主要受因素 ψ 影响，呈现先增大后减小的趋势。

图 6.65 (f) 所示为响应值 Y 与因素 α、Re 之间的关系，由图可知，在因素 N 和 ψ 保持不变的条件下，并且在因素 α 的值相对较小时，随着因素 Re 的不断增大，响应值 Y 呈现先减小后增加的趋势；但当因素 α 增大时，响应值 Y 呈现线性减小的趋势，并且趋势较为明显，此时因数 α 对响应值 Y 的影响程度较因素 Re 更加显著。高畅等的研究结果表明喷口角度 α 变大可以减小氨氮比相对标准差，即改善氨氮混合效果[81]，又因为氨氮混合均匀性与氨浓度分布均匀性具有一致性[80]，因此本节研究的结果与高畅等人研究结果具有一致性。

图 6.66 所示为变量优化的结果。从图中可以看出，随着喷口密度（X_1）、开孔率（X_2）、喷口角度（X_3）、入口风速表示成的雷诺数（X_4）的增加，反应器内氨浓度分布不均匀系数值 Y 在一定范围内是减小的，且四因素对反应器内氨浓度分布不均匀系数 Y 的影响显著顺序为 $N>\alpha>v>\psi$。复合合意性为 0.99890，非常接近 1，表明 4 个变量的总体优化能够使响应值达到一个较好的结果。

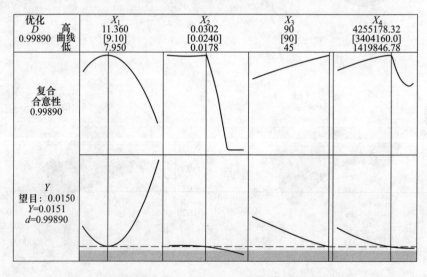

图 6.66 SCR 脱硝反应器运行条件与喷氨格栅结构参数优化结果

当喷氨格栅 $r=8$ 个、$d=57\text{mm}$、$\alpha=90°$、$v=8.17\text{m/s}$（$N=9.10\text{m}^{-2}$、$\psi=0.024$、$\alpha=90°$、$v=8.17\text{m/s}$）时，SCR 脱硝反应器内部氨浓度分布不均匀系数响应值 Y 的复合合意性为 0.99890，表明此工况下，获得较低的氨浓度分布不均匀系数的期望是较高的。根据参数 $r=8$ 个、$d=57\text{mm}$、$\alpha=90°$、$v=8.17\text{m/s}$ 建立

SCR 脱硝反应器整体三维模型，进行数值模拟后，得出首层催化剂上方截面处的氨浓度分布不均匀系数的值为 0.0144，通过与回归方程得到的结果（$Y = 0.0151$）进行比对，可得到二者之间的误差仅为 4.86%，即通过响应值 Y 的二次回归方程优化预测反应器内截面处的氨浓度分布不均匀系数的值是完全可行的。

6.6 烧结烟气脱硫-除尘-脱硝系统流场模拟及结构优化

6.6.1 背景分析

近年来工业化高速发展，化石燃料大量燃烧，导致大气环境污染问题日趋严重。烧结烟气含有 SO_2、NO_x、HF、CO、二噁英、粉尘等多种污染物，其中粉尘与 SO_2 排放量分别占钢铁生产总排放量的 20% 与 60% 左右[154~156]。2019 年生态环境部等五部委联合印发《关于推进实施钢铁行业超低排放的意见》，明确规定：烧结烟气中颗粒物、二氧化硫、氮氧化物排放浓度分别不高于 $10mg/m^3$、$35mg/m^3$、$50mg/m^3$。因此，烧结烟气的治理是钢铁行业实现减排指标的关键[157]。脱硫-除尘-脱硝系统用于处理烧结烟气中的 SO_2、NO_x 及粉尘，使烧结烟气满足排放标准。烧结烟气进入脱硫塔及除尘器完成脱硫及除尘后，再与加热后的高温烟气混合成 180℃ 左右的烟气，进入选择性催化还原（selective catalytic reduction，SCR）脱硝反应器完成脱硝反应，脱硝后的洁净烟气由烟囱排入大气。

目前，国内外有大量研究者利用数值模拟技术分别对脱硫塔、除尘器以及脱硝反应器进行单体研究。魏星等[158]对循环流化床脱硫塔气固两相流场进行了数值模拟并且在所建立的数值模拟平台上对提高流场均匀性的方案进行了尝试、比较和筛选。文献 [159，160] 对湿法烟气脱硫塔内流动、传质特性以及化学反应过程进行数值模拟。Aroussi 等[161]对单滤筒过滤时粉尘颗粒的运动特性进行了数值模拟研究，并通过实验对模拟结果进行了验证。Park 等[162]研究了布袋除尘器的过滤速度对压降的影响并且得到预测不同高度长袋除尘器的初始压降方程。文献 [163，164] 分别对除尘器内气固两相流动与不同袋室结构下除尘器内部流场进行了数值模拟。文献 [165，166] 对 SCR 脱硝系统进行了数值模拟与工程验证，并对氨气浓度均匀性进行了优化。脱硫-除尘-脱硝系统"一体化模拟"能够考虑不同单体结构前后流场之间的影响，较高程度还原工程的实际情况，但是相关数值模拟研究较少。

本节对脱硫-除尘-脱硝系统的流场进行了一体化数值模拟，分析其可行性与计算成本；基于正交试验对影响系统流场均匀性的因素进行分析并得出最优组合；通过对比改进前后系统流场的均匀性，为实际工程设计提供一定的技术指导。

6.6.2 脱硫-除尘-脱硝一体化计算模型

6.6.2.1 物理模型

如图 6.67 所示，烧结烟气的脱硫-除尘-脱硝工艺是多设备相互配合的系统工程。本节进行的流场模拟针对烟气处理设备，即脱硫工艺中的循环流化床部分（不考虑消石灰仓中的混合和脱硫塔中的返灰过程）、除尘工艺中的布袋除尘器部分、脱硝工艺中的 SCR 脱硝反应器部分（不考虑氨水蒸发器中的混合过程）。

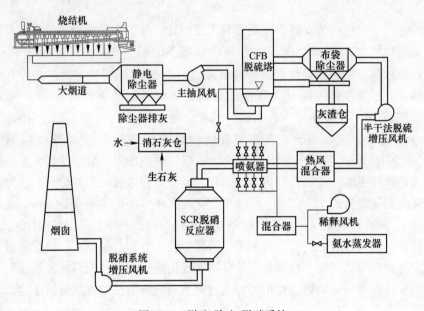

图 6.67 脱硫-除尘-脱硝系统

如图 6.68 所示，本研究模拟对象为某烧结机烟气脱硫-除尘-脱硝系统。如图 6.69 所示，脱硫塔总高为 50m，主床体直径为 7.5m，烧结烟气从脱硫塔入口进入，经文丘里管束后送入主床体。如图 6.70 所示，袋式除尘器箱体结构尺寸为 26.5m×12m×15.5m（长×宽×高），灰斗高为 6m，内部布置 14 个滤袋组，每个滤袋组由 375 个滤袋条（直径为 160mm，高度为 9000mm）组成；SCR

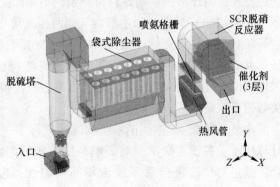

图 6.68 系统结构图（原方案）

脱硝反应器主要由热风管，喷氨格栅（AIG）以及催化剂组成。热风管和喷氨格栅的结构与布置如图 6.71 所示，共计 16 排热风管，每排热风管设有 6 个热风出口，喷氨格栅分为 8 个区域，每个区域设有 42 个喷氨出口。

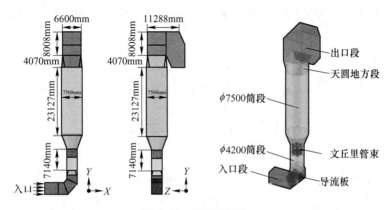

图 6.69　脱硫段结构

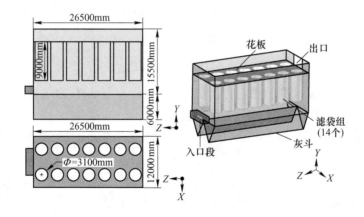

图 6.70　除尘段结构

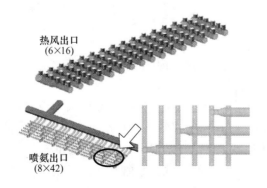

图 6.71　喷氨格栅和热风管结构

6.6.2.2 数值计算模型

采用欧拉法对脱硫-除尘-脱硝系统内的气相流进行数值模拟。假定系统内的流体为黏性不可压缩流体，计算时采用 Realizable k-ε 湍流模型[167]，气相控制方程如下：

$$\mathrm{div}u = 0 \tag{6.36}$$

$$\rho \frac{\mathrm{d}u}{\mathrm{d}t} = - \mathrm{grad}p + \eta\Delta v + \rho f \tag{6.37}$$

$$\rho T \frac{\mathrm{d}s}{\mathrm{d}t} = \phi + \mathrm{div}(k\mathrm{grad}T) + \rho q \tag{6.38}$$

式中，u 为流体速度，m/s；ρ 为流体的密度，kg/m³；p 为压强，Pa；t 为时间，s；η 为流体的动力黏度，Pa·s；f 为质量力的加速度，m/s²；s 为流体的熵，J/(kg·K)；T 为温度，K；ϕ 为耗损函数，W/m³；k 为热传导系数，W/(m·K)；q 为单位时间内传入单位质量流体的热量分布函数，W/kg。

SCR 烟气脱硝反应器中流动介质含有烟气与氨气两种不同的组分，因此采用组分输运模型[168,169]，控制方程如下：

$$\frac{\partial}{\partial t}(\rho\omega_i) + \nabla(\rho u w_i) = \nabla J_i + R_i + S_i \tag{6.39}$$

式中，w_i 为组分 i 的质量分数；J_i 为组分 i 的扩散通量；R_i 为组分 i 的化学反应速率，S_i 为源项导致的额外产生速率。

因为模拟中只考虑氨气与烟气的混合，不考虑物质之间的化学反应，故 $R_i = S_i = 0$。

除尘段中每个滤袋组的众多滤袋条被简化成直径 3.1m 和高 9m 的滤袋[170]。滤袋表面采用多孔阶跃边界条件，无纺针刺毡滤料作为渗流壁，其壁面渗透系数为 $6.5 \times 10^{-11} \mathrm{m}^2$，厚度为 2mm，压力阶系数为 0[171]。根据达西公式可确定内部径向流动方程：

$$v = \frac{K}{\mu}\frac{\partial p}{\partial r} \tag{6.40}$$

式中，v 为径向流速，m/s；r 为径向距离，m；K 为多孔渗透系数，m²；μ 为黏性系数，Pa·s；p 为压强，Pa。

脱硝反应器中采用的蜂窝式 SCR 催化剂厚度为 1000mm，孔隙率为 71.8%，催化剂的小孔的直径为 440mm。采用多孔阶跃边界条件，多孔介质渗透率为 $3.17 \times 10^{-7} \mathrm{m}^2$，压力阶跃系数为 $11.4 \mathrm{m}^{-1}$，计算公式如下[172]：

$$\frac{1}{K} = \frac{287.3213}{d^2}\frac{(1 - \varepsilon)^2}{\varepsilon^3} \tag{6.41}$$

$$C = \frac{0.06592}{d} \frac{(1-\varepsilon)}{\varepsilon^3} \tag{6.42}$$

式中，K 为多孔渗透系数，m^2；C 为压力阶跃系数，m^{-1}；ε 为多孔介质孔隙率；d 为催化剂的小孔直径，m。

采用稳态 3D 分离隐式解算器，控制方程式（6.36）~式（6.39）采用有限体积法进行离散，通过压力-速度耦合方程的 SIMPLE 算法求解离散方程组，对流项离散选取二阶迎风离散格式。采用速度入口边界条件、自由出流边界条件和多孔阶跃边界条件，各壁面均设为无滑移壁面[173]。数值模拟计算所需具体参数见表 6.13。收敛判别标准为：残差值达到并稳定在 10^{-3} 以下且出口氨气浓度平均值波动低于 5%。

表 6.13 计算参数

参　　数	数值	参　　数	数值
脱硫塔入口风速/m·s⁻¹	16.534	滤袋压力阶跃系数/m⁻¹	0
热风口风速/m·s⁻¹	14.47	滤袋厚度/mm	2
热风温度/K	1073	催化剂面渗透系数/m²	3.17×10⁻⁷
喷氨口风速/m·s⁻¹	10.53	催化剂压力阶跃系数/m⁻¹	11.4
氨气质量分数	0.011	催化剂厚度/mm	1000
滤袋壁面渗透系数/m²	6.5×10⁻¹¹		

6.6.2.3 网格无关性验证

为了排除网格数量对数值计算准确性的影响，对脱硫-除尘-脱硝系统进行网格无关性验证，利用 ICEM CFD 划分非结构化四面体网格实现计算域离散，并对喷氨管道与热风管道等处进行局部加密（图 6.72），平均网格质量约为 0.766。以 2200 万为基准计算脱硝系统不同高度截面氨气平均浓度相对误差，数量

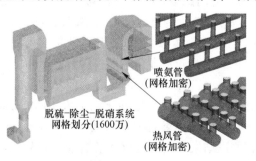

图 6.72 系统及内部组件网格划分

1200 万、1600 万、2000 万三种网格相对偏差对比如图 6.73 所示，可知网格数量达到 1600 万后各截面相对误差均低于允许偏差 5%，因此最低选取 1600 万网格作为计算网格。

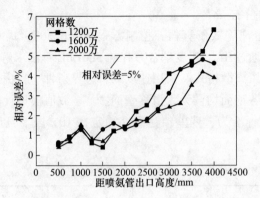

图 6.73　脱硝系统不同高度氨气平均浓度相对偏差

6.6.2.4　数值模拟准确性验证

为验证数值计算模型的有效性，本节将数值模拟结果与工程数据进行对比。图 6.74（a）所示为脱硫塔、除尘器和 SCR 脱硝反应器数值模拟压降值与工程测试压降值的比较结果。针对脱硫段，压降选取为文丘里管束入口处与脱硫塔出口处之间的全压差，压降的数值模拟结果为 975.3Pa，工程测试数据为 1193.6Pa。在实际运行工况中，由于在文丘里管出口附近向床内喷入脱硫剂会增大脱硫塔主床体压降；但脱硫塔内颗粒浓度相对较稀，在气固两相流模拟中通常采用的是单相耦合方法，即仅考虑气相场对颗粒相的作用，而忽略颗粒相对气相场的影响，因此未考虑颗粒相，对脱硫塔内流场分布特性影响不大。针对除尘段，压降选取为除尘器进出口的全压差，压降的数值模拟结果为 576.3Pa，工程测试数据为 472.5Pa，模拟结果与工程测试结果吻合度较高。针对 SCR 脱硝反应器，压降选取为脱硝反应器第一层催化剂处与反应器出口之间的全压差，压降的数值模拟结果为 378.3Pa，工程测试数据为 428.4Pa，模拟结果与工程测试结果趋于一致。图 6.74（b）所示为 SCR 脱硝反应器内数值模拟计算所得的烟气温度与工程测试所得烟气温度的比较结果，工程测试分别在 3 层催化剂上方 1000mm 处设置温度测点 1、2、3，数值模拟分别选取 3 层催化剂上方 1000mm 截面处的平均温度。补热装置未开启前，数值模拟结果与工程测试数据基本吻合；补热装置开启后，测点 1、2、3 的工程测试结果与数值模拟结果偏差分别为 1.1℃、1.8℃、2.0℃。这是因为未补热时，温度分布均匀性较好；补热装置开启后，由于热风混合，截面温度分布梯度增大，导致测点值与截面平均浓度产生一定的偏差。综合系统的压降与温度验证结果，表明数值计算模型具有较高的可信度。

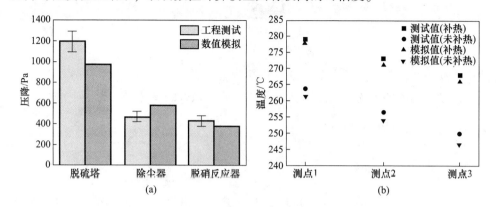

图 6.74 模拟值与工程测试值对比

(a) 压降值对比；(b) 温度值对比

6.6.2.5 系统流场均匀性评价指标

针对脱硫段的气流分布状况，以脱硫塔主床高度 1/2 处无量纲流速在 0.5~1.5 范围内的区域所占百分比 α 评价流场均匀性，其表达式为：

$$\alpha = \frac{S_v}{S} \tag{6.43}$$

式中，S_v 为脱硫塔主床高度 1/2 处无量纲流速在 0.5~1.5 范围内的区域的面积；S 为脱硫塔主床高度 1/2 处的断面面积。

针对除尘段的气流分布状况，引入速度分布偏差系数 C_v，通过比较不同工况下的 C_v 值可以判断所截平面的流场均匀性，其计算表达式[174]为：

$$C_v = \frac{M}{\bar{v}} \times 100\% \tag{6.44}$$

$$M = \sqrt{\frac{1}{n-1} \sum_{i=1}^{n} (v_i - \bar{v})^2} \tag{6.45}$$

式中，M 为标准偏差；$\bar{v}$ 为平均速度；v_i 为第 i 个点的速度值；n 为点的个数。

针对 SCR 脱硝反应器中氨气浓度与烟气温度分布的均匀性，引入断面浓度分布偏差系数 C_c 与断面温度分布偏差系数 C_T[175,176]，其计算表达式为：

$$C_c = \frac{\sqrt{\dfrac{1}{m} \sum_{i=1}^{n} (X_i - \bar{X})^2}}{\bar{X}} \tag{6.46}$$

$$C_T = \frac{\sqrt{\dfrac{1}{m} \sum\limits_{i=1}^{n} (T_i - \overline{T})^2}}{\overline{T}} \tag{6.47}$$

式中，m 为测定断面的测点数；X_i、T_i 为测点的浓度与温度；$\overline{X}$、$\overline{T}$ 分别为测定断面浓度与温度的平均值，通常情况下要求偏差系数的设计要求为小于 10%。

6.6.3 正交试验设计及分析

6.6.3.1 试验方案设计

影响脱硫-除尘-脱硝系统流场均匀性的因素有很多，如脱硫塔进出口转弯段导流板结构、脱硫塔渐扩管角度、除尘器入口段结构及其内部各滤袋室布置、脱硝段入口导流板结构、喷氨管及热风管布置、静态混合器结构，等等。考虑到工程的需要及可行性，最后确定将脱硫塔渐扩管角度、脱硫塔出口转弯处与 SCR 脱硝反应器入口处导流片的弧度、除尘器进口段扩张角度、SCR 催化剂上方 5m 处静态混合器格栅间距作为本试验的试验因素，分别记作 A、B、C 和 D，进行一个四因素正交试验，各因素均取 3 个水平，见表 6.14。

表 6.14 正交试验因素水平

水平	试验因素			
	A 脱硫塔渐扩管 角度/(°)	B 导流片 弧度/(°)	C 除尘器进口段 扩张角度/(°)	D 静态混合器 格栅间距/mm
1	30	60	0	400
2	40	75	15	600
3	50	90	30	800

6.6.3.2 试验结果及分析

试验有 4 个三水平因素，可选用的正交表有 $L_9(3^4)$ 或 $L_{27}(3^{13})$，但本试验仅考察 4 个因素对系统流场均匀性的影响，不考察因素间的交互作用，故宜选用 $L_9(3^4)$ 正交表。将脱硫塔主床高度 1/2 处无量纲流速在 0.5~1.5 范围内的区域所占百分比 α、除尘器中心剖面的速度相对标准偏差 C_v 以及第一层催化剂上侧 1000mm 处氨气浓度分布偏差系数 C_c 作为评价指标，并且每组试验重复 2 次（网格数分别为 1600 万、2000 万）。多指标正交试验方案及结果见表 6.15，其中 K_i 为每个因素 i（$i=1, 2, 3$）个水平的数值之和，通过 K_i 的大小以判断第 j（$j=$

1, 2, 3, 4) 列因素优水平和优组合。

表 6.15 试验方案及结果

试验号		因素				$\alpha/\%$		$C_v/\%$		$C_c/\%$	
		A	B	C	D	α_1	α_2	C_{v1}	C_{v2}	C_{c1}	C_{c2}
1		1	1	1	1	70.3	71.3	60.5	63.5	6.3	5.2
2		1	2	2	2	68.5	70.3	51.3	53.7	8.3	7.0
3		1	3	3	3	66.3	68.2	63.7	59.3	14.5	13.5
4		2	1	2	3	63.2	64.3	56.2	58.3	13.2	11.3
5		2	2	3	1	61.3	62.1	62.8	61.6	5.4	6.3
6		2	3	1	2	63.3	63.9	66.3	65.3	9.6	7.4
7		3	1	3	2	65.3	67.2	68.2	67.3	13.6	11.6
8		3	2	1	3	62.3	61.2	61.3	63.2	11.7	12.6
9		3	3	2	1	63.1	62.3	58.3	57.2	3.2	3.3
α	K_1	414.9	401.6	392.3	390.4						
	K_2	378.1	385.7	391.7	398.5	各指标优组合		$A_1B_1C_1D_2$			
	K_3	381.4	387.1	390.4	385.5						
C_v	K_1	352.0	374.0	380.1	363.9						
	K_2	370.5	353.9	335	372.1			$A_1B_2C_2D_3$			
	K_3	375.5	370.1	382.9	362						
C_c	K_1	54.8	61.2	52.8	29.7						
	K_2	53.2	51.3	46.3	57.5			$A_3B_2C_2D_1$			
	K_3	56	51.5	64.9	76.8						

  试验针对 3 种不同的评价指标得出了不同的优组合，需要判断因素作用的显著性，从而得出最优组合。采用方差分析法将数据的总变异分解成因素引起的变异和误差引起的变异，构造 F 统计量，即可判断因素作用的显著性。指标 α、C_v、C_c 影响因素的方差分析见表 6.16 ~ 表 6.18。各因素偏差平方和 Q_j、总偏差平方和 Q_T 以及误差平方和 Q_e 可表示为：

$$Q_j = \frac{1}{x} \sum \left(\frac{K_i^{\,2}}{n_i} - \frac{K^2}{N} \right) \tag{6.48}$$

$$Q_T = \sum_{i=1}^{N} \sum_{j=1}^{n} y_{ij}^2 - \frac{K^2}{N} \tag{6.49}$$

$$Q_e = Q_T - Q_j \tag{6.50}$$

式中，N 为试验量；x 为每次试验的重复次数；K_i 为每个因素 i 个水平的数值之和；K 为 K_i 的平方和；y_{ij} 为重复试验的各指标值。

表 6.16 指标 α 影响因素的方差分析

方差来源	偏差平方和	自由度	均方和	F 值	显著性
A	138.188	2	69.094	80.135	＊＊＊
B	25.834	2	12.917	14.981	＊＊
C	0.314	2	0.157	0.182	＊
D	14.368	2	7.184	8.332	＊＊
误差	7.760	9	0.862		
总和	186.464	17			

注：＊＊＊表示显著性极大；＊＊表示显著性大；＊表示显著性一般。

表 6.17 指标 C_v 影响因素的方差分析

方差来源	偏差平方和	自由度	均方和	F 值	显著性
A	51.083	2	25.542	9.866	＊＊
B	37.870	2	18.935	7.314	＊＊
C	240.903	2	120.452	46.526	＊＊＊
D	9.603	2	4.802	1.855	＊
误差	23.300	9	2.589		
总和	362.760	17			

注：＊＊＊表示显著性极大；＊＊表示显著性大；＊表示显著性一般。

表 6.18 指标 C_c 影响因素的方差分析

方差来源	偏差平方和	自由度	均方和	F 值	显著性
A	0.658	2	0.329	0.329	＊
B	10.674	2	5.337	5.343	＊＊
C	29.701	2	14.851	14.867	＊＊
D	186.874	2	93.437	93.541	＊＊＊
误差	8.990	9	0.999		
总和	236.898	17			

注：＊＊＊表示显著性极大；＊＊表示显著性大；＊表示显著性一般。

由表 6.16 可知，因素 A 脱硫塔渐扩管角度对指标 α 影响最大，影响因素的重要顺序为：A>B>D>C；由表 6.17 可知，因素 C 除尘器进口段扩张角度对指标 C_v 影响最大，影响因素的重要顺序为：C>A>B>D；由表 6.18 可知，因素 D 静态混合器的格栅间距对指标 C_c 影响最大，影响因素的重要顺序为：D>C>B>A；综合最优组合方案与方差分析结果可知：对于因素 A，其对指标 α 的影响显著，而对指标 C_v、C_c 的影响均为次要因素，因此 A 取 A_1，同理可分析 B 取 B_2，C 取 C_2，D 取 D_1。因此最优组合为 $A_1B_2C_2D_1$。

6.6.3.3 脱硫-除尘-脱硝一体化系统改进方案

经过改进后的模型如图 6.75 所示。改动位置 1 为将原方案中脱硫塔渐扩管角度 40°减小至 30°；改动位置 2、4 为在脱硫塔出口转弯处与 SCR 脱硝反应器入口处增设弧度为 75°的导流板；改动位置 3 为将除尘器的进口直管改为 15°渐扩管；改动位置 5 为在 SCR 催化剂上方 5m 处增设格栅间距为 400mm 的静态混合器。

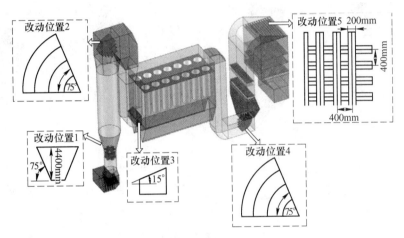

图 6.75　系统结构图（改进方案）

6.6.4　主要结果与讨论

6.6.4.1　脱硫段流场均匀性分析

脱硫段烟气流速分布如图 6.76 所示，烟气在文丘里管束中形成高速气流，随着主床高度的增加，流动空间增大，使得上方烟气流速迅速降低，均匀性逐渐提高。原方案中造成文丘里管束内流量分配不均的原因是进入脱硫塔的烟气存在流动惯性，大部分气体偏向塔底转弯处的外弧面，故远离入口侧的文丘里管流量分配较多。改进方案中通过设置导流装置以及减小渐扩管角度，改善了主床中心处流速过高的问题，同时由于塔内气流分布的改变，远离入口侧的流动阻力增大，从而使得文丘里管束内流量分配更加均匀。图 6.77 所示为不同高度无量纲

轴向速度 u_y/u_m 沿 x 轴径向分布，其中 u_m 为塔内表观气速，R 为主床筒体的半径。通过原方案与改进方案的对比，渐扩管角度由 40° 改为 30° 以及出口转弯处增设导流板，解决了文丘里管束在靠近入口侧与远离入口侧流量分配不均匀的问题；使得渐扩管出口处烟气流速的峰值向脱硫剂喷口处移动，实现了脱硫剂快速扩散，有利于建立稳定流化床层；随着主床高度的增加，在主床高度 1/2 处无量纲流速在 0.5~1.5 范围内的区域显著提高，说明气流均匀性得到改善，有利于烟气与脱硫剂在主床中充分混合，提高脱硫效率。

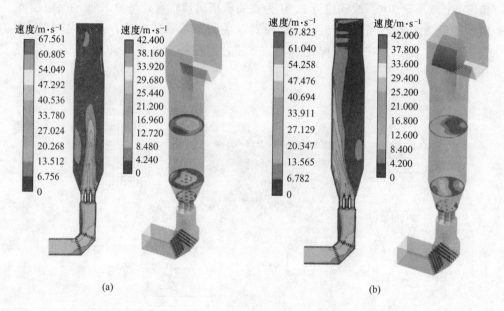

图 6.76　烟气速度分布云图

（a）原方案；（b）改进方案

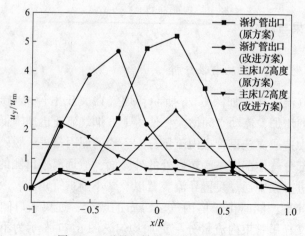

图 6.77　无量纲轴向速度径向分布图

6.6.4.2 除尘段流场均匀性分析

图 6.78、图 6.79 所示分别为除尘段中心剖面（Plane-YZ、Plane-XY）的速度分布云图。原方案中除尘器的进出口以及滤袋与花板相交的通孔附近流速较高，进风产生的射流在撞击到除尘器后端面之后，部分气流在惯性的作用下快速上升，形成的局部高速气流对滤袋组前排与两侧造成强烈的冲刷，会加快此区域滤袋磨损，从而导致过滤效率和滤袋寿命下降。改进后的袋式除尘器，由于进口烟道改为渐扩管，袋室内气流速度有所降低。通过选取除尘段中心剖面（Plane-YZ、Plane-XY）作为监测面，计算得到截面的速度分布偏差系数。各截面选取点

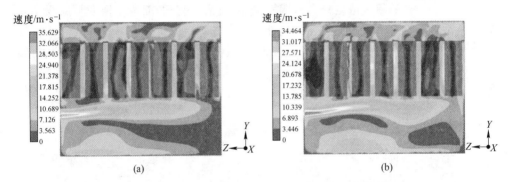

(a)   (b)

图 6.78　除尘段中心剖面（Plane-YZ）的速度分布

（a）原方案；（b）改进方案

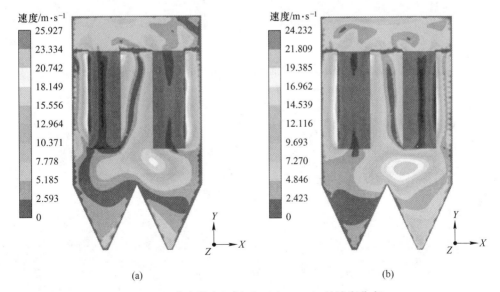

(a)   (b)

图 6.79　除尘段中心剖面（Plane-XY）的速度分布

（a）原方案；（b）改进方案

数均为 100 个，能较为充分地反映除尘段的速度分布情况。计算得出：原方案 Plane-YZ、Plane-XY 的速度分布偏差系数分别为 59.3% 与 57.2%；改进方案 Plane-YZ、Plane-XY 的速度分布偏差系数分别为 51.7% 与 47.6%；故将除尘器进口直管改为渐扩管，可提高除尘段气流分布均匀性。

6.6.4.3　脱硝段流场均匀性分析

在 SCR 脱硝反应器中，要求催化剂入口处的氨气浓度、烟气温度分布均匀。改进方案较原方案增设了入口段导流装置与整流格栅，有利于脱硝反应器内低温烟气、高温烟气和氨气的充分混合。图 6.80、图 6.81 所示分别为第一层催化剂上方 1000mm 处的氨气浓度分布与烟气温度分布云图，断面浓度梯度与温度梯度减小，浓度与温度波动性减弱，均匀性提高。计算得出，原方案氨气浓度分布偏差系数 C_c 与温度分布偏差系数 C_T 分别为 0.194 与 0.033；改进方案浓度分布偏差系数 C_c 与断面温度分布偏差系数 C_T 分别为 0.141 与 0.014；故改进方案的氨气浓度与温度分布均匀性显著提高。

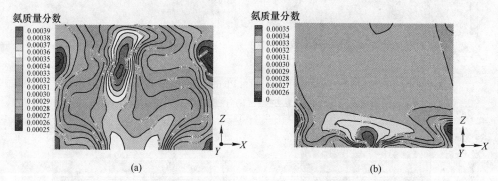

图 6.80　第一层催化剂上方 1000mm 处氨气浓度分布
(a) 原方案；(b) 改进方案

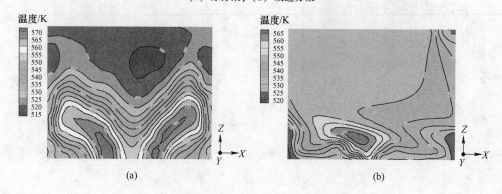

图 6.81　第一层催化剂上方 1000mm 处烟气温度分布
(a) 原方案；(b) 改进方案

6.6.3.4 一体化模拟可行性与计算成本分析

图 6.82 所示为脱硫-除尘-脱硝系统一体化模拟与各单体模拟的流场比较。脱硫段流场分布差距不大，单体模拟与一体化模拟在文丘里管束中流量分配基本相同。脱硝段流场分布有较大差距，单体模拟采用的速度入口边界条件，烟气以均匀的速度进入，一体化模拟的入口烟气速度分布则考虑了系统上游流场的影响，单体模拟与一体化模拟在脱硝反应器的入口截面的速度分布不均匀系数 C_v 分别为 0.013、0.248。因为脱硫段处于系统前端，流场的分布主要取决于脱硫塔结构；脱硝段处于系统的末端，流场的分布不仅取决于脱硝反应器自身的结构，并且与脱硫段、除尘段的流场有着较大的关联，因此对脱硫-除尘-脱硝系统进行一体化模拟，能对除尘段、脱硝段的流场做出更准确的分析。在计算成本方面，一体化模拟的网格数约为 1600 万，并行计算时间约为 60h。脱硫-除尘-脱硝系统各单体的网格数分别约为 200 万、450 万、800 万，并行计算时间分别约为 3h、8h、17h，一体化模拟计算时间虽然提高，但仍在可接受的范围之内。

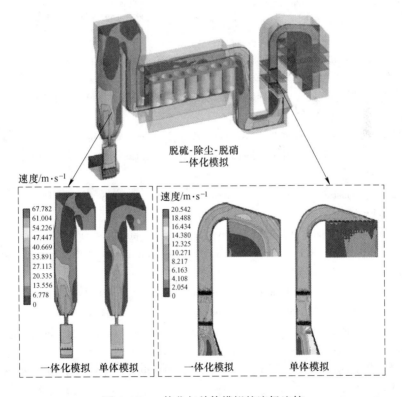

图 6.82　一体化与单体模拟的流场比较

参 考 文 献

[1] 钱付平, 章名耀. 温度对旋风分离器性能影响的数值模拟研究 [J]. 动力工程, 2006, 26 (2): 253~277.

[2] 陈明绍, 吴光兴, 张大中, 等. 除尘技术的基本理论与应用 [M]. 北京: 中国建筑工业出版社, 1982.

[3] 王海刚, 刘石. 不同湍流模型在旋风分离器三维数值模拟中的应用和比较 [J]. 热能动力工程, 2003, 18 (4): 337~342.

[4] Liu S, Yan R, Wang H G, et al. Applications of electrical capacitance tomography in two phase flow visualization [J]. Journal of Thermal Science, 2004, 13 (2): 179~186.

[5] Qian F P, Zhang M Y. Study of the natural vortex length of a cyclone with response surface methodology [J]. Computers & Chemical Engineering, 2005, 29 (10): 2150~2162.

[6] Qian F P, Zhang M Y. Effects of the prolonged vertical tube on the separation performance of a cyclone [J]. Journal of Hazardous Materials, 2006, 136 (3): 822~829.

[7] Qian F P, Zhang M Y. An extended model for determining the separation performance of a cyclone. [J]. Chemical Engineering and Technology, 2006, 29 (6): 724~728.

[8] 葛坡, 袁惠新, 付双成. 对称多入口型旋风分离器的数值模拟 [J]. 化工进展, 2012, 31 (2): 296~299.

[9] 高翠芝, 孙国刚, 董瑞倩. 排气管对旋风分离器轴向速度分布形态影响的数值模拟 [J]. 化工学报, 2010, 61 (9): 2409~2416.

[10] 王帅, 罗坤, 杨世亮, 等. 旋风分离器内气固两相流动特性的 LES-DEM 研究 [J]. 工程热物理学报, 2016, 37 (2): 342~346.

[11] Chu K W, Wang B, Yu A B, et al. Computational study of the multiphase flow in a dense medium cyclone: Effect of particle density [J]. Chemical Engineering Science, 2012, 73 (19): 123~139.

[12] Liu Y. Numerical simulations of unsteady complex geometry flows [D]. University of Warwick, 2004.

[13] Rourke P J O, Snider D M. An improved collision damping time for MP-PIC calculations of dense particle flows with applications to polydisperse sedimenting beds and colliding particle jets [J]. Chemical Engineering Science, 2010, 65 (22): 6014~6028.

[14] Wen C Y, Yu Y H. Mechanics of fluidization [J]. AIChE Series, 1966, 62: 100~111.

[15] Fotovat F, Chaouki J, Bergthorson J. The effect of biomass particles on the gas distribution and dilute phase characteristics of sand-biomass mixtures fluidized in the bubbling regime [J]. Chemical Engineering Science, 2013, 102 (15): 129~138.

[16] 张祎. 基于 OpenFOAM 的可压缩流动与传热大涡模拟数值研究 [D]. 哈尔滨: 哈尔滨工业大学, 2015.

[17] Wang B, Xu D L, Chu K W, et al. Numerical study of gas-solid flow in a cyclone separator [J]. Applied Mathematical Modelling, 2006, 30 (11): 1326~1342.

[18] 姬忠礼，时铭显. 蜗壳式旋风分离器内流场的特点 [J]. 中国石油大学学报（自然科学版），1992，16（1）：47~53.

[19] Maze B, Tafreshi H V, Wang Q, et al. A simulation of unsteady-state filtration via nanofiber media at reduced operating pressures [J]. Journal of Aerosol Science, 2007, 38 (5)：550~571.

[20] Happel J. Viscous flow relative to arrays of cylinders [J]. AIChE Journal, 1959, 5 (2)：174~177.

[21] Stechkina I, Fuchs N. Studies on fibrous aerosol filters-IV calculation of aerosol deposition in model filters in the range of maximum penetration [J]. Annals of Occupational Hygiene, 1969, 12 (1)：1~8.

[22] Davies C N. Air Filtration [M]. London：Academic Press, 1973.

[23] Lee K W, Liu B Y H. Theoretical study of aerosol filtration by fibrous filters [J]. Aerosol Science and Technology, 1982, 1 (2)：147~161.

[24] Rao N, Faghri M. Computer modeling of aerosol filtration by fibrous filters [J]. Aerosol Science and Technology, 1988, 8 (2)：133~156.

[25] Brown R C. Air filtration：on integrated approach to the theory and applications of fibrous filters [M]. England, Oxford：Pergamon Press, 1993.

[26] Liu Z G, Wang P K. Pressure drop and interception efficiency of multifiber filters [J]. Aerosol Science and Technology, 1997, 26 (4)：313~325.

[27] Ling T Y, Wang J, Pui David Y H. Numerical modeling of nanoparticle penetration through personal protective garments [J]. Separation and Purification Technology, 2012, 98 (9)：230~239.

[28] 钱付平，王海刚. 随机排列纤维过滤器颗粒捕集特性的数值研究 [J]. 土木建筑与环境工程，2010，32（6）：120~126.

[29] Hosseini S A, Tafreshi H V. Modeling particle filtration in disordered 2-D domains：a comparision with cell model [J]. Separation and Purification Technology, 2010, 74 (2)：160~169.

[30] Nazarboland M A, Chen X, Hearle J W S, et al. Modelling and simulation of filtration through woven media [J]. International Journal of Clothing Science and Technology, 2008, 20 (3)：150~160.

[31] Zhong W, Pan N. Aerosol filtration by fibrous filters：a statistical mechanics approach [J]. Textile Research Journal, 2007, 77 (5)：284~289.

[32] Mead-Hunter R, King Andrew J C, Kasper G, et al. Computational fluid dynamics (CFD) simulation of liquid aerosol coalescing filters [J]. Journal of Aerosol Science, 2013, 61 (7)：36~49.

[33] Wang Q, Maze B, Tafreshi H V, et al. A case study of simulating submicron aerosol filtration via lightweight spun-bonded filter media [J]. Chemical Engineering Science, 2006, 61 (15)：4871~4883.

[34] Hosseini S A, Tafreshi H V. 3-D simulation of particle filtration in electrospun nanofibrous fil-

ters [J]. Powder Technology, 2010, 201 (2): 153~160.

[35] Zhu X J, Qian F P, Lu J L, et al. Numerical study the solid volume fraction and pressure drop of the fibrous media based on SEM using response surface methodology [J]. Chemical Engineering and Technology, 2013, 36 (2): 268~276.

[36] Sambaer W, Zatloukal M, Kimmer D. 3D modeling of filtration process via polyurethane nanofiber based nonwoven filters prepared by electrospinning process [J]. Chemical Engineering Science, 2011, 66 (4): 613~623.

[37] Wang H M, Zhao H B, Wang K, et al. Simulation of filtration process for multi-fiberfilter using the Lattice-Boltzmann two-phase flow model [J]. Journal of Aerosol Science, 2013, 66 (12): 164~178.

[38] Payatakes A C, Tien C. Particle deposition in fibrous media with dendritelike pattern: a preliminary model [J]. Journal of Aerosol Science, 1976, 7 (2): 85~100.

[39] Payatakes A C, Gradon L. Dendritic deposition of aerosols by convective Brownian diffusion for small, intermediate and high particle Knudsen numbers [J]. AIChE Journal, 1980, 26 (3): 443~454.

[40] Kanaoka C, Emi H, Myojo T. Simulation of the growing process of a particle dendrite and evaluation of single fibre collection efficiency with dust load [J]. Journal of Aerosol Science, 1980, 11 (4): 377~389.

[41] Kanaoka C, Hiragi S, Tanthapanichakoon W. Stochastic simulation of the agglomerative deposition process of aerosol particles on an electret fiber [J]. Powder Technology, 2001, 118 (1-2): 97~106.

[42] Cheung C S, Cao Y H, Yan Z D. Numerical model for particle deposition and loading in electret filter with rectangular split-type fibers [J]. Computational Mechanics, 2005, 35 (6): 449~458.

[43] Filippova O, Hanel D. Lattice-Boltzmann simulation of gas-particle flow in filters [J]. Computers & Fluids, 1997, 26 (7): 697~712.

[44] Przekop R, Moskal A, Gradon L. Lattice-Boltzmann approach for description of the structure of deposited particulate matter in fibrous filters [J]. Journal of Aerosol Science, 2003, 34 (2): 133~147.

[45] Lantermann U, Haenel D. Particle Monte Carlo and lattice-Boltzmann methods for simulations of gas-particle flows [J]. Computers & Fluids, 2007, 36 (2): 407~422.

[46] Wang H, Zhao H B, Guo Z L, et al. Numerical simulation of particle capture process of fibrous filters using Lattice Boltzmann two-phase flow model [J]. Powder Technology, 2012, 227 (9): 111~122.

[47] Hosseini S A, Tafreshi H V. Modeling particle-loaded single fiber efficiency and fiber drag using ANSYS-Fluent CFD code [J]. Computers & Fluids, 2012, 66 (8): 157~166.

[48] Saleh A M, Hosseini S A, Tafreshi H V, et al. 3-D microscale simulation of dust-loading in thin flat-sheet filters: A comparison with 1-D macroscale simulations [J]. Chemical Engineering

Science, 2013, 99 (8): 284~291.

[49] Tong Z B, Yang R Y, Chu K W, et al. Numerical study of the effects of particle size and polydisperity on the agglomerate dispersion in a cyclonic flow [J]. Chemical Engineering Journal, 2010, 164 (2-3): 432~441.

[50] Cudall P A, Strack O D L. A discrete numerical model for granular assemblies [J]. Geotechnique, 1979, 29 (1): 47~65.

[51] Chu K W, Yu A B. Numerical simulation of complex particle-flow [J]. Powder Technology, 2008, 179 (3): 104~114.

[52] Tong Z B, Yang R Y, Yu A B, et al. Numerical modeling of the breakage of loose agglomerates of fine particles [J]. Powder Technology, 2009, 196 (2): 213~221.

[53] Kempton L, Pinson D, Chew S, et al. Simulation of macroscopic deformation using asub-particle DEM approach [J]. Powder Technology, 2012, 223 (6): 19~26.

[54] Dominik C, Tielens A G G M. The physics of dust coagulation and the structure of dust aggregates in space [J]. Astrophysical Journal, 1997, 480 (2): 647~673.

[55] Mshall J S. Discrete-element modeling of particulate aerosol flows [J]. Journal of Computational Physics, 2009, 228 (5): 1541~1561.

[56] Johnson K L, Kendall K, Roberts A D. Surface energy and the contact of elastic solids [J]. Proceedings of the Royal Society A, 1971, 324 (1558): 301~313.

[57] Tsuji Y, Kawaguchi T, Tenaka T. Discrete particle simulation of two-dimensional fluidized beds [J]. Powder Technology, 1993, 77 (1): 79~87.

[58] Chu K W, Wang B, Yu A B, et al. CFD-DEM modeling of multiphase flow in dense medium cyclone [J]. Powder Technology, 2009, 193 (3): 235~247.

[59] Deen N G, Sint Annaland Van M, Hoef M A, et al. Review of discrete particle modeling of fluidized beds [J]. Chemical Engineering Science. 2007, 62 (1-2): 28~44.

[60] Ni L A, Yu A B, Lu G Q, et al. Simulation of the cake formation and growth in cake filtration [J]. Minerals Engineering, 2006, 19 (10): 1084~1097.

[61] Li S Q, Marshalla J S. Discrete element simulation of micro-particle deposition on a cylindrical fiber in an array [J]. Journal of Aerosol Science, 2007, 38 (3): 1031~1046.

[62] Qian F P, Huang N J, Zhu X J, et al. Numerical study of the gas-solid flow characteristic of fibrous media based on SEM using CFD-DEM [J]. Powder Technology, 2013, 249 (11): 63~70.

[63] Subramaniam S. Lagrangian-Eulerian methods for multiphase flows [J]. Progress in Energy and Combusion Science, 2013, 39 (2-3): 215~245.

[64] Anderson T B, Jackson R. A fluid mechanical description of fluidized beds. Equations of motion [J]. Industrial and Engineering Chemistry Fundamentals, 1967, 6 (4): 527~539.

[65] Gidaspow D. Multiphaseflow and fluidization [M]. San Diego: Academic Press, 1994.

[66] Zhou Z Y, Kuang S B, Chu K W, et al. Discrete particle simulation of particle-fluid flow: model formulations and their applicability [J]. Journal of Fluid Mechanics, 2010, 661 (10):

482~510.

[67] Mindlin R D. Compliance of elastic bodies in contact [J]. Journal of Applied Mechanics, 1949, 16: 259~268.

[68] Hertz H. Über die Berührung fester elastischer Körper [J]. Journal für die reine und angewandte Mathematik, 2009, 1882 (92): 156~171.

[69] Zhu H P, Zhou Z Y, Yang R Y, et al Discrete particle simulation of particulate systems: Theoretical developments [J]. Chemical Engineering Science, 2007, 62 (13): 3378~3396.

[70] Sommerfeld M, Wachem B V, Oliemans R. Best practice guidelines for computational fluid dynamics of dispersed multi-phase flows [M]. Swedish Industrial Association for Multiphase Flows, 2008.

[71] Alletto M, Breuer M. One-way, two-way and four-way coupled LES predictions of a particle-laden turbulent flow at high mass loading downstream of a confined bluff body [J]. International Journal of Multiphase Flow, 2012, 45 (10): 70~90.

[72] Xu B H, Yu A B. Numerical simulation of the gas-solid flow in a fluidized bed by combining discrete particle method with computational fluid dynamics [J]. Chemical Engineering Science, 1997, 52 (16): 2785~2809.

[73] Thiedmann R, Fleischer F, Hartnig C, et al. Stochastic 3D modeling of The GDL structure in PRMFCs based on thin section detection [J]. Journal of the Electrochemical Society, 2008, 155 (4): B391~B399.

[74] Wallace Woon-Fong Leung, Chi-Ho Hung. Investigation on pressure drop evolution of fibrous filter operating in aerodynamic slip regime under continuous loading of sub-micron aerosols [J]. Separation and Purification Technology, 2008, 63 (3): 691~700.

[75] Thomas D, Contal P, Renaudin V, et al. Modelling pressure drop on HEPA filters during dynamic filtration [J]. Journal of Aerosol Science, 1999, 30 (2): 235~246.

[76] Thomas D, Penicor P, Contal P, et al. Clogging of fibrous filters by solid aerosol particles: Experimental and modelling study [J]. Chemical Engineering Science, 2001, 56 (11): 3549~3561.

[77] Bergman W, Taylor R D, Miller H H, et al. Enhanced filtration program at LLNL [C]. 15th DOE Nuclear Air Cleaning Conference, CONF-780819, Boston, 1978.

[78] Zhao Z M, Gabriel I T, Pfeffer R. Separation of airborne dust in electrostastically enhanced fibrous filters [J]. Chemical Engineering Communications, 1991, 108 (1): 307~332.

[79] Kasper G, Schollmeier S, Meyer J, et al. The collection efficiency of a particle-loaded single filter fiber [J]. Journal of Aerosol Science, 2009, 40 (12): 993~1009.

[80] 薛勇. 滤筒除尘器 [M]. 北京: 科学出版社, 2014.

[81] 郭中强, 雷贤卿. 袋除尘器阻力的影响因素分析 [J]. 水泥, 2014 (8): 50~53.

[82] 徐宁. 水泥工业环保工程手册 [M]. 北京: 中国建材工业出版社, 2008.

[83] 吴利瑞. 滤筒式除尘器的性能研究及经济分析 [D]. 上海: 同济大学, 2002.

[84] Kim J U, Hwang J, Choi H J, et al. Effective filtration area of a pleated filter bag in a pulse-

jet bag house [J]. Powder Technology, 2017, 311 (2): 522~527.

［85］ Lo L M, Hu S C, Chen D R, et al. Numerical study of pleated fabric cartridges during pulse-jet cleaning [J]. Powder Technology, 2010, 198 (1): 75~81.

［86］ Kim J S, Lee M H. Measurement of effective filtration area of pleated bag filter for pulse-jet cleaning [J]. Powder Technology, 2019, 343 (11): 662~670.

［87］ 查文娟, 钱付平, 鲁进利, 等. 基于阻力的 V 型褶式滤芯结构参数的响应面法优化 [J]. 过程工程学报, 2013, 13 (5): 771~775.

［88］ Fotovati S, Pourdeyhimi B. A macroscale model for simulating pressure drop and collection efficiency of pleated filters over time [J]. Separation and Purification Technology, 2012, 98 (39): 344~355.

［89］ Hasolli N, Park Y O, Rhee Y W. Experimental evaluation of filter performance of depth filter media cartridge with varying the pleat count and the cartridge assembly arrangement [J]. Particle and Aerosol Research, 2012, 8 (4): 133~141.

［90］ 赵海蓉, 张久政, 龚涛, 等. 滤芯并褶原因分析及解决措施 [J]. 过滤与分离, 2017, 27 (4): 40~43.

［91］ 张梅梅. 滤筒褶皱数对脉冲滤筒除尘器性能影响的研究 [D]. 四川: 西南科技大学, 2015.

［92］ 赵欢, 林忠平, 廖明月. 滤筒阻力分析及优化 [J]. 洁净与空调技术, 2015, 22 (1): 1~6.

［93］ 付海明, 徐芳, 晋瑞芳. 褶型气溶胶过滤器过滤阻力与结构参数关系 [J]. 华侨大学学报 (自然科学版), 2010, 31 (3): 307~312.

［94］ Théron F, Joubert A, Laurence L. Numerical and experimental investigations of the influence of the pleat geometry on the pressure drop and velocity field of a pleated fibrous filter [J]. Separation and Purification Technology, 2017, 182 (56): 69~77.

［95］ Park B H, Lee M H, Jo Y M, et al. Influence of pleat geometry on filter cleaning in PTFE/glass composite filter [J]. Journal of the Air & Waste Management Association, 2012, 62 (11): 1257~1263.

［96］ Li S H, Hu S D, Xie B, et al. Influence of pleat geometry on the filtration and cleaning characteristics of filter media [J]. Separation and Purification Technology, 2019, 210 (5): 38~47.

［97］ 张亚蕊, 韩云龙, 钱付平, 等. 新型滤筒除尘器性能的数值模拟 [J]. 过程工程学报, 2016, 16 (1): 48~54.

［98］ FLUENT 14 User's Guide, Fluent Inc.

［99］ 张广朋, 袁竹林. 袋式除尘器内部流场的数值模拟研究 [J]. 动力工程学报, 2010, 30 (7): 518~522.

［100］ Park S, Joe Y H, Shim J, et al. Non-uniform filtration velocity of process gas passing through a long bag filter [J]. Journal of Hazardous Materials, 2019, 365 (11): 440~447.

［101］ 王丹丹, 钱付平, 吴显庆, 等. 袋式除尘器气流分布均匀性测试与数值模拟 [J]. 安徽

工业大学学报（自然科学版），2013，30（3）：343~349.

[102] 王晓娟. 袋式除尘器除尘特性的实验与数值研究［D］. 济南：山东大学，2017.

[103] Hasolli N，Park Y O，Rhee Y W. Filtration performance evaluation of depth filter media car-tridges as function of layer structure and pleat count［J］. Powder Technology，2013，237（3）：24~31.

[104] 丁倩倩，李珊红，李彩亭，等. 滤袋长度对袋式除尘器内流场影响的数值模拟研究［J］. 环境工程学报，2015，9（11）：5521~5526.

[105] 李坦，靳世平，黄素逸，等. 流场速度分布均匀性评价指标比较与应用研究［J］. 热力发电，2013，42（11）：60~63.

[106] 闫武装，周景伟. 国内转炉除尘技术介绍及趋势分析［J］. 冶金设备，2017（236）：126~128.

[107] Li S，Zheng M，Liu W，et al. Estimation and characterization of unintentionally produced persistent organic pollutant emission from converter steelmaking processes［J］. Environmental Science and Pollution Research，2014，21（12）：7361~7368.

[108] 吕平. 转炉烟气治理技术现状及展望［J］. 冶金丛刊，2016（5）：28~31.

[109] 祝杰，吴振元，叶世超，等. 喷淋塔液滴粒径分布及比表面积的实验研究［J］. 化工学报，2014，65（12）：4709~4715.

[110] 祝杰，吴振元，叶世超，等. 喷淋塔传质特性的实验与模型研究［J］. 环境工程学报，2015，9（1）：317~322.

[111] Liu D，Chen B，Zhang B. Numerical simulation of the two-phase fluid field in a gas-around-liquid spray nozzle［J］. Chemical Engineering and Technology，2013，36（3）：450~458.

[112] 李睿，苏伟，宋存义，等. 烟气脱硫卧式喷淋塔的数值模拟［J］. 环境工程学报，2016，10（10）：5798~5802.

[113] 田海军，邢奕，宋存义，等. 卧式喷淋塔烟气脱硫的数值模拟［J］. 工程科学学报，2018，40（1）：17~22.

[114] 林瑜，陈德珍，尹丽洁. 喷淋层组合方式对大型脱硫塔内流动和热湿交换过程影响的数值模拟［J］. 中南大学学报，2017，48（10）：2572~2582.

[115] Tseng C C，Li C J. Numerical investigation of the inertial loss coefficient and the porous media model for the flow through the perforated sieve tray［J］. Chemical Engineering Research & Design，2016，106：126~140.

[116] Marocco L. Modeling of the fluid dynamics and SO$_2$ absorption in a gas-liquid reactor［J］. Chemical Engineering Journal，2010，162（1）：217~226.

[117] Marocco L，Mora A. CFD modeling of the Dry-Sorbent-Injection process for flue gas desulfu-rization using hydrated lime［J］. Separation and Purification Technology，2013，108（16）：205~214.

[118] Codolo M，Bizzo W，Bertazzoli R. Performance of a UV assisted hydrogen-peroxide-fed spray tower for sulfur dioxide abatement［J］. Chemical Engineering and Technology，2013，36（7）：1255~1260.

[119] 祝杰, 吴振元, 叶世超, 等. 石灰石-石膏湿法喷淋脱硫模型研究 [J]. 高校化学工程学报, 2015, 29 (1): 220~225.

[120] 黄小萍, 钱付平, 王来勇, 等. 转炉一次除尘新 OG 系统高效喷雾洗涤塔喷嘴雾化特性的模拟 [J]. 过程工程学报, 2018, 18 (3): 461~468.

[121] Ahsan M. Numerical analysis of friction factor for a fully developed turbulent flow using k-ε turbulence model with enhanced wall treatment [J]. Beni-suef University Journal of Basic and Applied Sciences, 2014, 3 (4): 1~9.

[122] 王福军. 计算流体动力学分析——CFD 软件原理与应用 [M]. 北京: 清华大学出版社, 2004.

[123] Qin C, Loth E. Numerical Description of a Pressure-swirl Nozzle Spray [J]. Chemical Engineering & Processing Process Intensification, 2016, 107: 68~79.

[124] 陈曦, 葛少成, 张忠温, 等. 基于 Fluent 多喷嘴喷雾干涉数值模拟分析 [J]. 环境工程学报, 2014, 8 (6): 2503~2508.

[125] 吕鲲, 张庆竹. 纳米二氧化钛光催化技术与大气污染治理 [J]. 中国环境科学, 2018, 38 (3): 852~861.

[126] 杜振. 湿式氨法烟气脱硫脱硝过程中的 NO_x 吸收的试验研究 [D]. 杭州: 浙江大学, 2011.

[127] Feng Y S, Zhang X H, Lv Y F, et al. Performance evaluation of two flue gas denitration systems in China using an emergy-based combined approach [J]. Journal of Cleaner Production, 2019, 204 (3): 803~818.

[128] 杨忠凯, 武宁, 何如意, 等. 燃煤烟气同时脱硫脱硝技术研究进展 [J]. 应用化工, 2020, 49 (5): 1219~1225.

[129] 陆续, 吴庆龙, 张向宇, 等. 高温还原区喷氨脱硝试验研究 [J]. 动力工程学报, 2020, 40 (6): 481~485, 501.

[130] Adams B, Senior C. Improving design of SCR system with CFD modeling [C]. Pittsburgh: DCE Environment Controls Conference, 2006.

[131] Sayre A N, Milobowski M G. Validation of numerical models of flow through SCR units [C]. Washington D. C.: EPRI-DOE-EPA Combined Units, 1999.

[132] Rogers K, Nolan P S. SCR reactor performance profiling and results analysis [C]. Chicago: The EPA-DOE-EPRI Combined Power Plant Air Pollutant Control Symposium "The Mega Symposium", 2001.

[133] 王为术, 上官闪闪, 张斌, 等. 300MW 亚临界机组 SCR 脱硝系统数值模拟 [J]. 洁净煤技术, 2015, 21 (6): 79~82.

[134] 凌忠钱, 曾宪阳, 胡善涛, 等. 电站锅炉 SCR 烟气脱硝反应器优化数值模拟 [J]. 动力工程学报, 2014, 34 (1): 50~56.

[135] 董建勋, 李辰飞, 王松岭, 等. 还原剂分布不均匀对 SCR 脱硝性能影响的模拟分析 [J]. 电站系统工程, 2007, 23 (1): 20~21.

[136] 方朝君, 金理鹏, 宋玉宝, 等. SCR 脱硝系统喷氨优化及最大脱硝效率试验研究 [J].

热力发电，2014，43（7）：157~160.

[137] 王乐乐，孔凡海，何金亮，等．超低排放形势下 SCR 脱硝系统运行难点与对策 ［J］. 热力发电，2016，45（12）：19~24.

[138] Jin M C, Sung H H. Application of computational fluid dynamics analysis for improving performance of commercial scale selective catalytic reduction ［J］. Korean Journal of Chemical Engineering, 2006, 23（1）: 43~56.

[139] 孙虹，华伟，黄治军，等．基于 CFD 建模的 1000MW 电站锅炉 SCR 脱硝系统喷氨策略优化 ［J］. 动力工程学报，2016，36（10）：118~121.

[140] 张祥翼，罗志，尚桐，等．SCR 防堵灰型流场优化技术及工程应用 ［J］. 热力发电，2020，49（2）：110~114.

[141] 宋玉宝，赵鹏，姚燕，等．SCR 脱硝不均匀反应宏观模型研究 ［J］. 中国电力，2019，52（5）：176~184.

[142] Xiao Y J, Zhou Y H, Zhou X B, et al. Effect of performance and installation of ammonia branch on distribution of NO_x concentration uniformity ［J］. Journal of Environmental Engineering Technology, 2018, 8（3）: 327~334.

[143] 叶玉奇，钱付平．基于响应曲面法袋式除尘器清灰性能的数值研究 ［J］. 环境科学学报，2012，32（12）：3087~3094.

[144] Zhu X J, Qian F P, Lu J L. Numerical study the solid volume fraction and pressure drop of the fibrous media based on SEM using response surface methodology ［J］. Chemical Engineering and Technology, 2013, 36（4）: 1~8.

[145] 汪鑫．低温 SCR 反应器的优化设计与仿真模拟研究 ［D］. 北京：华北电力大学，2017.

[146] 陈鸿伟，徐继法，王广涛，等 烟气飞灰对 SCR 脱硝催化剂磨损数值模拟 ［J］. 动力工程学报，2019，39（2）：148~154.

[147] 肖育军，邹毅辉，李彩亭，等．SCR 系统结构模型与数值模型的适用性分析 ［J］. 中国电力，2019，52（3）：146~152，160.

[148] Blazek J. Computational Fluid Dynamics: Principles and Applications ［M］. Second Edition. Elsevier, 2005.

[149] ANSYS, Inc. ANSYS Fluent User′ Guide ［M］. Southpointe 275 Technology Drive Canonsburge PA 15317; USA, 2010.

[150] 张鹏，周俊杰．火电厂 SCR 反应器脱硝性能数值模拟研究 ［J］. 工业技术创新，2016，12（1）：13~18.

[151] Kempton L, Pinson D, Chew S, et al. Simulation of macroscopic deformation using a sub-particle DEM approach ［J］. Powder Technology, 2012, 223（6）: 19~26.

[152] 吕太，赵学葵，王潜．燃煤机组 SCR 脱硝系统氨氮混合优化 ［J］. 热力发电，2016，45（7）：13~20，26.

[153] 高畅，金保昇，张勇，等．非均匀入口条件下 SCR 脱硝系统精准喷氨策略 ［J］. 东南大学学报（自然科学版），2017，47（2）：271~276.

[154] 张奇，万利远，刘新，等．新形势下烧结烟气净化技术的发展 ［J］. 矿业工程，2019，

17（1）：30~33.

[155] Gunka V, Shved M, Prysiazhnyi Y, et al. Lignite oxidative desulphurization：notice 3-process technological aspects and application of products［J］. International Journal of Coal Science & Technology, 2019, 6（1）：63~73.

[156] Pyshyev S, Prysiazhnyi Y, Shved M, et al. Effect of hydrodynamic parameters on the oxidative desulphurisation of low rank coal［J］. International Journal of Coal Science & Technology, 2018, 5（2）：213~229.

[157] 吕平, 雷国鹏. 浅谈烧结烟气超低排放技术［J］. 科技与创新, 2018, 112（16）：59~61, 63.

[158] 魏星, 李伟力, 凡凤仙, 等. 脱硫塔气固两相流场优化的数值模拟研究［J］. 中国电机工程学报, 2006, 26（7）：12~18.

[159] 曲江源, 齐娜娜, 关彦军, 等. 湿法烟气脱硫塔内传递与化学反应过程 CFD 模拟［J］. 化工学报, 2019, 70（6）：2117~2128.

[160] 钟毅, 高翔, 王惠挺, 等. 基于 CFD 技术的湿法烟气脱硫系统性能优化［J］. 中国电机工程学报, 2008, 28（32）：18~23.

[161] Aroussi A, Simmons K, Pickering S J. Particulate deposition on candle filters［J］. Fuel, 2001, 80（3）：335~343.

[162] Park S, Joe Y H, Shim J, et al. Non-uniform filtration velocity of process gas passing through a long bag filter［J］. Journal of Hazardous Materials, 2019, 365（11）：440~447.

[163] 刘玲, 卢平, 黄震. CFB-FGD 一体化除尘器内气固流动特性的数值研究［J］. 环境科学与技术, 2014, 37（5）：117~121, 142.

[164] 张樱, 王贺岑, 安连锁, 等. 不同袋室结构下除尘器内部流场数值模拟研究［J］. 能源与节能, 2012（12）：111~114.

[165] 于玉真, 李伟亮, 王绍龙, 等. SCR 脱硝系统流道均流装置数值模拟与优化［J］. 中国电机工程学报, 2018, 38（24）：194~203, 347.

[166] 倪建东, 陈活虎, 薛玉业, 等. 烧结烟气 SCR 脱硝系统的数值模拟及工程验证［J］. 化工环保, 2018, 38（5）：99~104.

[167] 曹博文, 钱付平, 刘哲, 等. 烧结烟气脱硫-除尘-脱硝系统流场模拟及结构优化［J］. 煤炭学报, 2020, 45（10）：3589~3599.

[168] Shang D, Li B, Liu Z. Large eddy simulation of transient turbulent flow and mixing process in an SCR denitration system［J］. Chemical Engineering Research & Design, 2019, 141：279~289.

[169] Liu H, Guo T, Yang Y, et al. Optimization and Numerical Simulation of the Flow Characteristics in SCR System［J］. Energy procedia, 2012, 17：801~812.

[170] 刘玲, 卢平, 黄震. CFB-FGD 布袋除尘器内气固流动特性的数值研究［J］. 南京师范大学学报（工程技术版）, 2014, 14（1）：29~34.

[171] 王丹丹, 袋式除尘器滤袋失效故障树分析法的研究及应用［D］. 马鞍山：安徽工业大学, 2015.

[172] 王来勇, 钱付平, 朱景晶, 等. 选择性催化还原蜂窝状催化剂内流动特性的多尺度模拟 [J]. 过程工程学报, 2020, 20 (2): 133~140.

[173] Gao Y H, Liu Q C, Bian L T. Numerical simulation and optimization of flow field in the SCR denitrification system on a 600MW capacity units [J]. Energy Procedia, 2012, 14: 370~375.

[174] 叶蒙蒙, 钱付平, 王来勇, 等. 基于响应面法 SCR 脱硝反应器喷氨格栅的优化研究 [J]. 中国环境科学, 2021, 41 (3): 1086~1094.

[175] 黄晶晶, 冯杨杰. SCR 烟气脱硝中喷氨格栅的优化设计 [J]. 化学工程与装备, 2019, 265 (2): 273~276.

[176] 李壮扬, 苏乐春, 宋子健, 等. 660MW 燃煤机组 SCR 流场模拟优化与喷氨优化运行 [J]. 洁净煤技术, 2017, 23 (4): 47~52, 11.